植物プランクトン

白幡沼の浮遊性藻類

種類と量の変化を調べる

小川　なみ　著

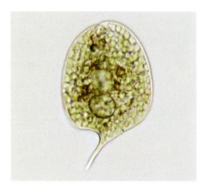

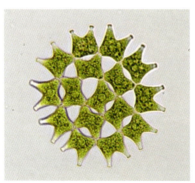
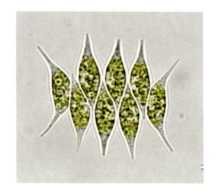

ファクス
（*Phacus triqueter*）

シヌラ
（*Synura lapponica*）

ペジアストルム（クンショウモ）
（*Pediastrum duplex*）

スケネデスムス（イカダモ）
（*Scenedesmus acuminatus*）

推薦のことば

　緑色になった池や沼の水一滴をとって顕微鏡でのぞいて見ると、そこにはクルクル泳ぎ回るものやじっとして動かないものなどいろいろな植物プランクトンが見える。また、丸いもの、紡錘形のもの、いくつがか集まって塊になったものなど、いろいろな形のものがあり、美しい緑色のもの、青藍色、緑褐色のものなど、その色もさまざまで、しばらくはじっと見とれてしまうほどである。

　この本を書いた小川さんは、その繊細なプランクトンを"水の妖精"とよんでいるが、スライドグラスとカバーグラスに挟まれた、一滴の水の中で繰り広げられる、この不思議な"水の妖精"の動き、形や色の美しさに魅かれて、高校生物を担当の傍ら、校舎の窓から見える白幡沼の水を月一回の定期的採集、採集材料の顕微鏡観察とスケッチ、観察の詳細な記録を撮り続けて20年、いつの間にかたまってきたそのスケッチや記録をもとにまとめられたのがこの本である。

　国内外から数多くのプランクトン関係の研究資料を集めてみると、その中にも一つの湖水に生育するプランクトンを数年続けて定期的に採集した報告は多い。しかし、その採集資料を分類学的に観察研究した報告はきわめて少ない。ましてや、一つの小さな沼の植物プランクトン採集を20年間続け、分類学的研究を進めた報告例は、国内はもちろんのこと、国外でも私の知る限り一つも見当たらない。本書はその点でもきわめて貴重な記録である。

　大学や関連の研究所に所属する人たちがプランクトンを研究するには、それに要する時間もとれるし、相当の設備、機材が整い、研究費用も多少なりともあてられるはずであるから、その気になればできないことではない。しかし、小川さんは、高校生物科準備室で揃う、ビーカー、メスシリンダー、温度計などのささやかな道具、それらに加えて自費で整えたプランクトンネット、顕微鏡、カメラとで定期的に採集観察を続けられた。

　一口に植物プランクトンと言っても、種類はきわめて多く、形態も多種多様である。この本には白幡沼から採集観察した395種が報告されている。その記述の中には、あるいは誤りや観察不足のものがあるかもしれないが、今後もさらに研究を進めて、それを正し、さらに白幡沼から新しい種が追加されることを願っている。

　この本の後半では、白幡沼の水の色が季節によって変わる原因を確かめようとして、2年間にわたる採集材料を用いて、季節による種の数量変化を計測し、その結果から水の色の変化は植物プランクトンの種と数量の変化と関係があるのではないかと考察されている。もとより、生態学的にはプランクトンの季節ごとの数量変化には水温だけでなく、水中の各種の栄養塩、日光などの環境要素が関係していると考えられているが、手元に揃った器具だけでは、気温、水温、pH以上の測定はできなかった。

20 年という長い年月、生徒指導の傍ら、変わらず採集観察を続けられた小川さんの執念ともいうべき努力と勤勉さに深い敬意を表するとともに、これから、身近の池や沼のプランクトンを調べたいと考えられている方に本書は極めて適切な入門書であり、一種ごとに数枚の写真や図が載っていて種類を調べるのに極めて有用な図鑑の役目をする本であると思い、推薦の言葉を綴った次第である。

　　　2016 年 11 月　　　　　　　　　日本大学名誉教授　理学博士　山岸高旺

≪ 白幡沼 ≫

白幡沼の全景　　　採集地点より撮影（夏）

採集地点（春）

採集地点より東方向を見る(初夏)

カモが飛来（冬）

冬には枯れる北西のアシの群落（初夏）

採集地点より南方向を見る(冬)

枯れたマコモ（冬）

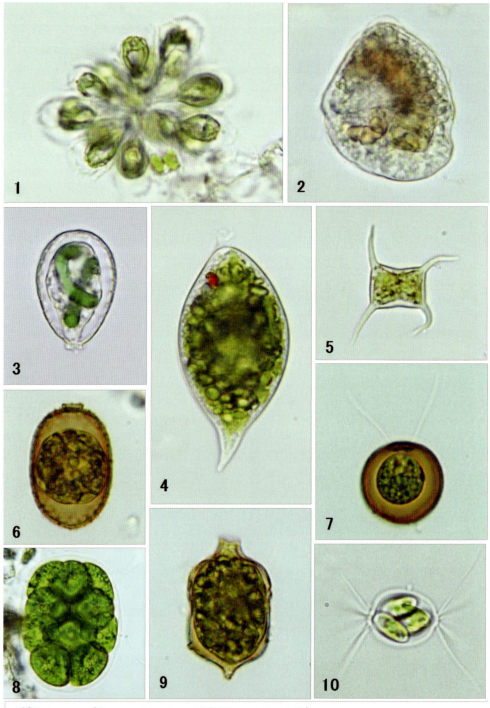

図版 1. (Figs. 1〜7, 9〜10 ×1000　8. ×700)
1. シヌラ *Synura*　　2. カトジニウム *Katodinium*　　3. パウリネラ *Paulinella*
4. エウグレナ(ミドリムシ) *Euglena*　　5. テトラエドロン *Tetraëdron*
6. トラケロモナス *Trachelomonas*　　7. ジスモルフォコックス *Dysmorphococcus*
8. パンドリナ *Pandorina*　　9. ストロンボモナス *Strombomonas*　　10. コダテラ *Chodatella*

図版 2. (Figs. 11,13〜14, 16〜18,20 ×1000　12. ×700　15,19 ×500)
11〜12. ペジアストルム（クンショウモ）*Pediastrum*　　13. コエラストルム *Coelastrum*
14. オオキスチス *Oocystis*　　15. スピロギラ（アオミドロ）*Spirogyra*
16. アクチナストルム *Actinastrum*　　17. コエノクロリス *Coenochloris*
18. ジクチオスファエリウム *Dictyosphaerium*　　19. スケネデスムス（イカダモ）*Scenedesmus*
20. スタウラストルム *Staurastrum*

目次

はじめに --- 1

調査地 白幡沼 --- 2

採集 調査方法 観察 --- 3

観察したプランクトンの種類 --- 4

プランクトンとは --- 5

プランクトンの識別形質 --- 5

プランクトンの名称・学名 --- 7

観察した藻類

     1. 黄色鞭毛藻類　　Chrysophyceae ---------------------------- 8

     2. 黄緑色藻類　　　Xanthophyceae ---------------------------- 15

     3. 褐色鞭毛藻類　　Cryptophyceae ---------------------------- 19

     4. 渦鞭毛藻類　　　Dinophyceae ------------------------------ 19

     5. 緑虫藻類　　　　Euglenophyceae --------------------------- 27

     6. 緑藻類　　　　　Chlorophyceae ---------------------------- 74

白幡沼の藍藻 --- 186

プランクトンの季節的消長 --- 188

はじめての藻類 --- 210

あとがき --- 215

引用・参考文献 --- 216

種類名索引 --- 217

はじめに

― 水の妖精　白幡沼のプランクトン ―

　白幡沼は、寒い冬の間は底が見えるくらいに水も透明で、晴れた日にはカモなどの水鳥が水面を泳いでいるおだやかな沼である。その沼も、春先にまわりの木々に緑の若葉が萌え出るようになると、水もぬるみ、水の色もしだいに緑色になり、初夏から真夏にかけては、濃い緑色になっていく。

　そのころ、沼の水を1滴とって顕微鏡でのぞくと、たくさんの微小な生き物たちの世界が見えてくる。球形のものや紡錘形のもの、幾何学的な配列をしたもの、半透明の美しい緑色のもの、動くものなど、多彩でうっとり見とれてしまうほどで、その美しさはまさに水の妖精そのものである。

写真1　プランクトンネットで採水

　それらの微小な妖精の多様な形や美しさにひかれ、プランクトンの一つ一つを調べてスケッチし、顕微鏡写真に写している間に、たくさんの資料が集まってきた。まだまだ不十分ではあるが、それらの資料をひとまず整理し、まとめてみることにした。

写真2　　3月の白幡沼　水底が見えるほど透明

写真3　　6月の白幡沼　水は緑色を増していく

調査地　白幡沼

　白幡沼は、埼玉県でも東京都に近いさいたま市南区の大宮台地南端の崖下にあり、約9,500m²の広さで、アシやマコモが密生している湿地の部分を含めると、長方形に近い形をしている。南東側に土手があり、自然の地形を生かして、ため池としてつくられたものである。沼には、崖下に流出する細い水路（ **C** ）が1本あるだけで、流入する川はない。

　沼の南西角にはポンプ小屋があり、以前は農業用の貯水池として利用され、近辺の農家がこの沼を入会で所有している。埼京線が開通したあと、周辺は急速に都市化が進み、多くのマンションや住宅が立ち並び、現在まわりには水田や畑などの農地はない。

　正確な沼の水深はわからないが、腐植などが厚くたまり浅いと思われる。南西側は整備された遊歩道に接し、そこだけ護岸工事がなされている。残りの岸はアシやマコモでおおわれ、北側の周辺にはアシの大きな群落があり、そこから湿地が広がり、湿性遷移が進み始めている。北東側は崖に面し、その上には浦和商業高校の校舎やゲーテの森（ **B** ）とよばれているアカシデが優占種の約2,000m²の雑木林がある。

東経　139.65
北緯　35.85

A：採集地点

図1　白幡沼

（地理院タイルを加工して作成）

採集　調査方法　観察

　前記の白幡沼で 1994 年から 2015 年 11 月まで、約 20 年間、沼の南西部 A 地点（ p.2　図 1 ）で、月 1 回、定期的にプランクトンを採集した。2001 年 1 月〜2003 年 1 月までの 2 年間は、季節的消長についての調査も行ない、これまでの採集回数は 264 回になった。

　採集は 20 μm メッシュのプランクトンネットを使用した。観察には、採集直後の生標本、多くは 3％のホルマリン液の保存標本を用いた。

　採集標本の中に出現した一つ一つのプランクトンの形態を観察し、スケッチをもとに種名を調べた。また、顕微鏡写真を撮って観察の資料とした。

　毎年、季節の変化とともに出現するプランクトンの種類も量も変化するが、約 20 年間を通して、次ページ以降に述べるような藍藻、珪藻など（ p.6　☆ ※ ）のものを除いて、合計 110 属、395 種類のものが観察されたが、それぞれについて観察事項と図、多くの写真を示した。

　観察された種類は山岸（ 1999、 2007 ）の分類系によって配列した。

　プランクトンの細胞や突起などの形状は種によってほぼ一定しているが、生育している池沼の環境条件によって多少の変異（ 個体変異 ）をすることが知られている。そこで本書では、同じ種で見られたいくつかの変異形の写真や図も示した。

　また、細胞の寸法にも変異が見られる。そこで、普通にみられる個体の寸法は 15−20 μm の様に示し、普通のものより小さいものは左側へ（10−）、大きいものは右側へ（−25）の様に（　）に入れて示した。

　季節によるプランクトンの量の変化（プランクトンの季節的消長）については、p.188 以降に記した。

表1　観察したプランクトンの種類

綱 (Classes)	目（Orders）	科（Families）	属（Genera）	種（Species）
☆ 藍藻類				
※ 紅藻類				
1. 黄色鞭毛藻類	リゾクリシス目	スチロコックス科	1	1
	オクロモナス目	ジノブリオン科	1	2
		シヌラ科	2	14
	モノシガ目	モノシガ科	1	1
2. 黄緑色藻類	ミスココックス目	プレウロクロリス科	3	7
		スキアジウム科	1	1
☆ 珪藻類				
3. 褐色鞭毛藻類	クリプトモナス目	クリプトモナス科	1	3
4. 渦鞭毛藻類	ペリジニウム目	ギムノジニウム科	2	4
		ペリジニウム科	1	5
		ジノスファエラ科	1	1
		ヘミジニウム科	1	1
		ケラチウム科	1	2
※ 緑色鞭毛藻類				
※ 褐藻類				
5. 緑虫藻類	エウグレナ目	エウグレナ科	6	(121)
		ペタロモナス科	2	2
	コラキウム目	コラキウム科	1	2
6. 緑藻類	ボルボクス目	テトラセルミス科	1	1
		クラミドモナス科	8	(8)
		ファコツス科	2	2
		ボルボクス科	5	9
	テトラスポラ目	グロエオコックス科	2	2
	クロロコックム目	クロロコックム科	7	23
		パルメラ科	1	1
		オオキスチス科	20	54
		ラジオコックス科	5	6
		ミクラクチニウム科	3	7
		ジクチオスファエリウム科	6	14
		スケネデスムス科	14	73
		ヒドロジクチオン科	2	11
		エラカトトリクス科	1	1
	ウロトリクス目	ウロトリクス科	1	1
	カエトフォラ目	カエトフォラ科	1	1
		コレオカエテ科	1	2
	ジグネマ目	ジグネマ科	1	(0)
		デスミジウム科	3	11
		パウリネラ クロマトフォラ	1	1
		合計	110	395

プランクトンとは

　陸上と同じように海や池沼、湖水などの水中にもいろいろな植物が生育しているが、それらは大きさや体の構造が陸上の植物とは異なっているので、まとめて藻類 algae とよんでいる。

　その中で海水中に生育しているものを海藻 marine algae 、池沼や湖水の淡水中に生育しているものを淡水藻 freshwater algae とよぶ。

　淡水藻には海藻のワカメ、コンブなどの様な大型のものはないが、顕微鏡下でなければ見えないような微小なものが含まれている。淡水藻には付着性のものも多いが、その他に、水中に漂っているものと、鞭毛という細いむちのようなものを持っていて水中を遊泳するものとがある。植物学の上ではそれらをまとめて植物プランクトン（ 浮遊性藻類 ） plankton algae とよんでいる。ミジンコやワムシなどは動物プランクトンとよんでいる。

　植物プランクトンの多くは、陸上植物のように細胞内に葉緑体を持っているので緑色であるが、動物プランクトンには葉緑体がなく色のない透明なものが多い。

　植物プランクトンをこの本では単にプランクトンとしているが、表 2 のようにいろいろの群 group （ 分類学上は 綱、目、科、属など ）に分けられていて、その種類はきわめて多い。

　たとえば、緑藻類という群の中に属という小群が約 750、 淡水藻全体では約 1500 もの属がある。 もちろん国内にある大小の池沼のどこにも 1500 属のプランクトンが生育しているということではなく、池沼の形状や水の性質、さらに季節によって、そこに生育するプランクトンの種類、数量は異なっている。 しかし、丹念に調べれば、それぞれの池沼からは春夏秋冬の四季を通して、相当数の属のプランクトンが観察されるはずである。

　白幡沼で観察されたプランクトンの種数は、表 1 （ p.4 ）に示した。もちろんこれは 20 年間の継続観察中に出現したものである。この表の中で （） がついているものには、この他に spp. としてまとめた複数の種があった。

プランクトンの識別形質

　池沼から採集したプランクトンを顕微鏡観察して、すぐに、これは何群（ 綱、目、科 ）の何属のものであると識別できるようになるには相当に修練しなければならない。

　しかし、次の表 2 （ p.6 ）に記したように、顕微鏡下に見えるプランクトンがどんな色をしているか、浮遊しているのかどうか、運動しているのかどうか（ 鞭毛の有無や動きは高倍率の顕微鏡でなければよく見えない ）などの形質を確認するだけで、およその分類の位置（ どの群のどの属のものであるか ）を推定することはできる。

まず、採集したプランクトンを観察し、細胞の形だけではなく増殖の方法なども調べ、その種の実態を知ることが出発点になる。 その次は p.216 に列記したような参考書によって各群の特徴を知り、そこに示されている図や写真をよく見て種名を調べる方向に進むことになる。

表 2　プランクトン性藻類分類群のおおよその識別

分類群	細胞の色	藻 体			無鞭毛浮遊性	無鞭毛付着性	有鞭毛遊泳性
		単細胞	群体	糸状体			
☆　藍藻類	藍青色	●	●	●	●	●	
※　紅藻類	紅紫色	●		●		●	
1　黄色鞭毛藻類	黄緑色	●					●
☆　珪藻類	黄褐色	●		●	●	●	
2　黄緑色藻類	黄緑色	●	●		●	●	●
3　褐色鞭毛藻類	黄褐色	●					●
4　渦鞭毛藻類	黄褐色	●				●	●
※　緑色鞭毛藻類	緑青色	●					●
※　褐藻類	褐色				●	●	
5　緑虫藻類	緑色	●				●	●
6　緑藻類							
ボルボクス目	緑色	●	●				●
他の目	緑色	●		●	●	●	

☆ 白幡沼では p. 186-187 の様な藍藻の他に少数の珪藻が観察されたが、今回の調査では対象外とした。

※ 紅藻類 Rhodophyceae には、アサクサノリ属 *Porphyra* や テングサ属 *Gelidium* などの海産種が多いが、淡水産種は少なく浮遊性のものはない。白幡沼では紅藻類の他、緑色鞭毛藻類 Chloromo-nadophyceae、褐藻類 Phaeophyceae も同じく観察されなかった。

プランクトンの名称・学名

　すべての植物には規約（ 国際植物命名規約 ）によって、それぞれの種に学問上の名称、学名 scientific name がつけられている。種の学名は次のように**属名** generic name と**種小名**（ 種形容語 ）specific epithet から構成され、それの**命名者名** author name がつく。また、同じ種でも、形質の少し異なるものは**変種** variety（ 略語 var. ）、変種の中で、さらに形質や生育地などの異なるものは**品種** form（ 略語 f. ）として命名する。

　学名は、その植物に関係のある形質や人名をラテン語化した形容詞や名詞が用いられる。文書として印刷するときには属名、種小名、変種名、品種名は斜体（ イタリック ）、命名者名は立体（ ローマン ）で表示することになっている。

　なお、命名者は Lemmermann は Lemm.　Kuetzing は Kuetz. の様に省略して表すことも多い。

属名	種小名	命名者名
Pediastrum	*simplex*	MEYEN
（平面上の、星型の）	（単純な）	

属名	種小名	命名者名	変種名	変種の命名者名
Pediastrum	*simplex*	MEYEN	var. *echinulatum*	WITTROC
			（刺のある）	

属名	種小名	先に命名した人の名	あとから正しい名を付けた人の名
Pediastrum	*tetras*	(EHRENBERG)	RALFS
	（4個の）		

属名	種小名	命名者名
Dictiosphaerium	*ehrenbergianum*	NÄGELI
（ネット状の、球体）	（人名　Ehrenberg）	

観察した藻類

　白幡沼で 1994 年より 2015 年までの間、合計 264 回の採集で観察された藻類を、分類別に以下にあげる。

※　藍藻類　Cyanophyceae（p.186−187）

　　観察されたが、調査の対象外とした。

※　紅藻類　Rhodophyceae

　　観察されなかった。

1.　黄色鞭毛藻類　Chrysophyceae

　遊泳性や浮遊性のものが多い。葉緑体は、クロロフィル、カロテンのほかに数種のキサントフィルを含み、黄緑色や黄褐色をしていて、ピレノイドはない。多くは 1 本の長い羽型と 1 本の短い鞭型の鞭毛をもっている。細胞の周りに微細な鱗片や剛刺をもつものがある。

リゾクリシス目　Rhizochrysidales
スチロコックス科　Stylococcaceae
　多くは単細胞性。細胞の周りには被殻があり、被殻の開口部から細い糸状の偽足を伸ばす。多くは付着性で薄板状の葉緑体をもつものが多い。

ラギニオン属　*Lagynion*
　単細胞性で付着性。細胞の周りにはフラスコ型やつぼ型の被殻がある。被殻は底部でほかのものに付着する。上端には小孔があり糸状偽足を伸ばしている。葉緑体は 1 個か 2 個、湾曲した薄板状でピレノイドはない。

1.　*Lagynion ampullaceum* (STOKES) PASCHER　　　　　　　(Plate 1　Figs. 1−3)

　被殻はフラスコ型で、上部は管状。底部の径　(4−)10−14 μm 、高さ 6−10 μm

　白幡沼では珪藻に着生していた。

オクロモナス目　　Ochromonadales
ジノブリオン科　Dinobryaceae
　単細胞性や群体性。個々の細胞は長短 2 本の鞭毛をもち、遊泳性のものと付着性のものがある。細胞は紡錘形や楕円形で、細胞壁はない。細胞本体の周りには薄くて透明な円筒状やつぼ型の被殻がある。葉緑体は薄板状や帯状で、ないものもある。

ジノブリオン属　*Dinobryon*

群体性で、個々の細胞は鞭毛をもち遊泳性や付着性。細胞は円筒形や紡錘形で、周りには透明で薄い被殻がある。被殻の下端で、下の細胞（母細胞）の被殻の口部と付着して、樹枝状に配列した群体をつくる。群体全体が鞭毛の伸びている方向に移動する。葉緑体は1個か2個で、湾曲した薄板状。眼点がある。

1.　*Dinobryon cylindricum* IMHOF var. *palustre* LEMMERMANN　　（ **Plate 2**　**Figs. 6** ）

　　遊泳性で、まばらにまたは密に分枝した群体。被殻は上部がやや湾曲した円柱状で、口部はやや開いている。側面観はやや不相称で、被殻の基部は円錐状であるが、一方は角ばっている。

被殻の径 7−10 μm 、長さ 38−50 μm

2.　*Dinobryon sertularia* EHRENBERG　　　　　　　　　　　　（ **Plate 2**　**Figs. 1−5** ）

　　遊泳性で、密に分枝した樹枝状群体。被殻は長細い釣鐘型。基部は円錐状で先は尖り、上端は少し細くなったあとやや広がる。被殻の径 8−14 μm 、長さ 24−45 μm

シヌラ科　Synuraceae

　　単細胞性や群体性。個々の細胞は長短2本の鞭毛をもち遊泳性。細胞の表面には特徴のある珪酸質の鱗片がある。葉緑体は黄褐色で1か2個の薄板状で、ないものもある。

マロモナス属　*Mallomonas*

単細胞で鞭毛をもち遊泳性。細胞は卵形や楕円形や紡錘形などで、前端に1本の長い鞭毛とその基部に短い1本の鞭毛をもつ。細胞の周りには全面に鱗片が規則正しく配列する。鱗片には網目模様やいろいろな長さの刺状突起がある。葉緑体は黄褐色で、1または2個の薄板状のものが細胞の周縁に沿ってある。走査電子顕微鏡による細胞表面の鱗片の形、構造、刺状突起の形状が、識別の手掛かりとして重要視されている。

　　白幡沼では冬から春にかけて多い。(p.204　図 33)

1.　*Mallomonas annulata* (BRADLAY) HARRIS　　　　　　　　（ Plate 3　Figs. 7−8 ）

　　細胞は両端が丸い楕円形。前端と後端だけに剛刺をもつ。

細胞の径 8.5−11.5（−16）μm 、長さ 20−29 μm

2.　*Mallomonas calceolus* BRADLEY　　　　　　　　　　　　（ Plate 3　Figs. 4 ）

　　細胞は卵形で全周に短い剛刺をもつ。細胞の径 9−12 μm 、長さ 11−18 μm

3.　*Mallomonas flora* HARRIS & BRADLEY　　　　　　　　　（ Plate 3　Figs. 13 ）

　　細胞は楕円形で、全周に剛刺をもつ。細胞の径 8−13 μm 、長さ 17−29 μm

4.　*Mallomonas horrida* SCHILLER　　　　　　　　　　　　　（ Plate 3　Figs. 1−2 ）

　　細胞は細長い卵型。全周にまばらに長い剛刺をもつ。

細胞の径 10−13（−17）μm 、長さ 25−30（−40）μm

5. *Mallomonas insignis* PENARD （ Plate 3　Figs. 12 ）

　細胞は大型の長楕円形で後部に向かって細くなり、前端と後端に短い剛刺がある。

被殻の径 6−10（−14）μm 、長さ（60−）85−100 μm

6. *Mallomonas papillosa* HARRIS & BRADLEY （ Plate 3　Figs. 9−11 ）

　細胞は広楕円形で、全周に剛刺をもつ。細胞の径 5−12（−14）μm 、長さ 7−20（−26）μm

7. *Mallomonas tonsurata* TEILING （ Plate 3　Figs. 14−15 ）

　細胞は細長い楕円形、洋梨型、卵円形、球形で、前端の3分の1の部分に、密に長短、異形の2種の剛刺をもつ。細胞の径 6−14 μm 、長さ 11−30 μm

8. *Mallomonas* sp.1 （ Plate 3　Figs. 3 ）

9. *Mallomonas* sp.2 （ Plate 3　Figs. 5 ）

10. *Mallomonas* sp.3 （ Plate 3　Figs. 6 ）

シヌラ属 *Synura*

　群体性で、個々の細胞は鞭毛をもち遊泳性。細胞は倒卵形や洋ナシ型で、前端の中央から等長の鞭毛が2本伸びる。細胞の周りは多数の細かな鱗片でおおわれている。細胞の細い方の後端で群体の中心で互いに接し、放射状に配列した球形の群体をつくる。葉緑体は2個、黄褐色で、湾曲した薄板状のものが細胞の周縁に沿ってある。鱗片には電子顕微鏡レベルの微細な刺状突起や模様があり、識別の形質とされている。

　白幡沼では冬季に目立つ。

1. *Synura lapponica* SKUJA （ Plate 1　Figs. 13 ）

　細胞は長円形ないし卵型で、後端は細長く伸び柄状になって、群体の中心でほかの細胞とつながっている。細胞の径 7−10 μm 、長さ 20−27 μm

2. *Synura petersenii* KORSCHIKOFF （ Plate 1　Figs. 7−10 ）

　細胞は卵形で楕円形の微細な鱗片で包まれている。細胞の径 9−13 μm 、長さ 13−19 μm

3. *Synura spinosa* KORSCHIKOFF （ Plate 1　Figs. 11−12 ）

　細胞は卵型で楕円の鱗片で包まれ、周りには微細な刺状突起がある。

細胞の径 9−13 μm 、長さ 13−19 μm

4. *Synura uvella* EHRENBERG （ Plate 1　Figs. 14 ）

　細胞は細長い卵型。前端は丸く、後端は次第に細くなり柄のような形になっている。鱗片は馬蹄形で基部が厚くなっている。　鱗片から刺状突起が出ているものとないものがある。

細胞の径 8−17 μm 、長さ 20−40 μm

モノシガ目　Monosigales

モノシガ科　Monosigaceae

単細胞性で遊泳性や付着性。細胞壁はなく、周りには周皮がある。細胞の前端に1本の鞭毛をもち、鞭毛の基部には襟状部がある。葉緑体はなく細胞は透明である。

モノシガ属　*Monosiga*

単細胞性で付着性。細胞は球形または卵型で、鞭毛下部の周りを取り囲む円筒状の透明な襟状部がある。細胞の下端で直接または細い柄状のもので、ほかの藻類に着生している。

1.　*Monosiga* sp.　　　　　　　　　　　　　　　　　　　　（ Plate 1　Figs. 4−6 ）

細胞は卵形で柄状部があり、白幡沼では単細胞の緑藻に着生しているのが観察された。

細胞の径 3−4 μm 、柄状部と襟状部を入れた長さ 6.5−10 μm

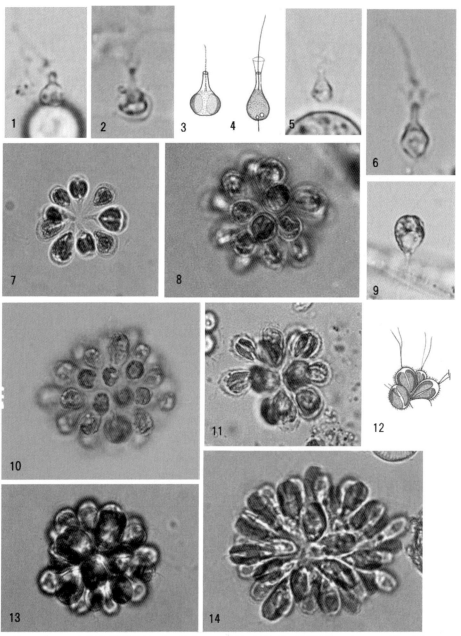

Plate 1　Lagynion Monosiga Synura （Figs. 1〜6. ×2000　　7〜14. ×700）
1〜3.　*Lagynion ampullaceum*（p. 8）　　4〜6.　*Monosiga* sp.（p. 11）
7〜10.　*Synura petersenii*（p. 10）（9. *Synura petersenii* の細胞）
11〜12.　*S. spinosa*（p. 10）　　　　13.　*S. lapponica*（p. 10）
14.　*S. uvella*（p. 10）

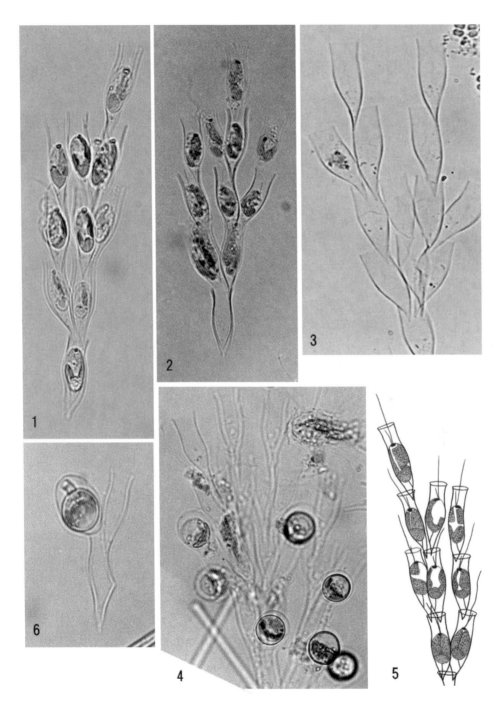

Plate 2　Dinobryon　　(Figs. 1〜6.　×700)
1〜5.　*Dinobryon sertularia*（p.9）　（4：休眠胞子）
6.　*Dinobryon cylindricum* var. *palustre*（p.9）　（6：休眠胞子）

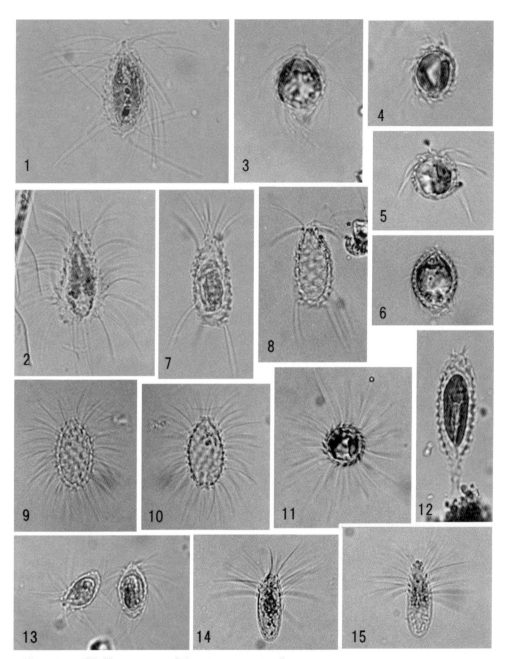

Plate 3　　Mallomonas　　(Figs. 1〜15.　×700)
1〜2. *Mallomonas horrida*（p. 9）　　3. *M.* sp. 1（p. 10）
4. *M. calceolus*（p. 9）　　　　　　5. *M.* sp.2（p. 10）
6. *M.* sp.3（p. 10）　　　　　　　7〜8. *M. annulata*（p. 9）
9〜11. *M. papillosa*（p. 10）（11：頂面観）　　12. *M. insignis*（p. 10）
13. *M. flora*（p. 9）　　　　　　14〜15. *M. tonsurata*（p. 10）

14

2. 黄緑色藻類　Xanthophyceae

　黄緑色藻類の葉緑体は、クロロフィル、カロテンのほかにキサントフィルを含んでいて、固定する前の細胞は黄緑や明るい緑色に見える。一部を除いて葉緑体にはピレノイドはない。

ミスココックス目　Mischococcales

　単細胞性か群体性。鞭毛はなく浮遊性と付着性のものがある。単細胞性のものでは細胞に柄状部をもつもの、細胞壁に突起模様をもつものがある。群体性のものでは球形または樹枝状の群体をつくる。

プレウロクロリス科　Pleurochloridaceae

　単細胞性で浮遊性。細胞壁に刺状突起やくぼみ模様をもつものが多い。葉緑体は 1 個ないし多数で、円盤状や薄板状で細胞壁に沿って配列。緑藻類のテトラエドロン属 *Tetraëdron*（p. 91）に形の似たものがある。

プセウドスタウラストルム属　*Pseudostaurastrum*

　単細胞性で浮遊性。細胞は四辺形やピラミッド型で、細胞の角からは先が二又や三又にわかれた太い突起が伸び、さらにその先には 2, 3 個の刺状突起がある。細胞壁は滑らか。葉緑体は多数で円盤状。細胞壁に沿って配列している。

1. *Pseudostaurastrum enorme* (RALFS) CHODAT　　　　　　　　　（ Plate 4　Figs. 5−8 ）

　細胞はピラミッド型の四面体で、各辺はやや膨らむか平ら。各頂点からは、先端に 2, 3 個の刺をもった 2 本の太い突起が出ている。

細胞の側辺の長さ（15−）25−30 μm、刺状突起の長さ 5−10 μm

2. *Pseudostaurastrum hastatum* (REINSCH) CHODAT　　　　　　　（ Plate 4　Figs. 1−4 ）

　細胞はピラミッド型の四面体で、各辺はやや膨らむ。各頂点からは、先端に 2, 3 個の刺をもった 1 本の太くて長い突起が伸びている。

細胞の径 8−10（−15 ） μm、刺状突起の長さ 8−15 μm

3. *Pseudostaurastrum planctonicum* (G.M. SMITH) DOGADINA

（ Plate 4　Figs. 9−14 ）

　細胞は不規則な四面体で、各辺はやや膨らむが、わずかに凹んでいることもある。各頂点は丸く、そこから 1〜2 本の小枝状の突起が伸び、さらにその先が 2〜3 本に分かれて短い突起となっている。細胞の径　（15−）20−30 μm、小枝状突起の長さ 7−15 μm

テトラエドリエラ属　*Tetraedriella*

　単細胞性で浮遊性。細胞は楕円形やピラミッド型の四辺形。細胞の角は丸いものと、細い突起をもつものがある。細胞壁には小孔やくぼみの模様が密に配列している。葉緑体は多数で円盤状、細胞壁に沿って配列している。

1. *Tetraedriella spinigera* SKUJA （ Plate 5　Figs. 1−6 ）

　細胞はピラミッド型の四面体。側辺はまっすぐで、頂点からは細長い分枝しない刺状突起が出ている。細胞の径 20−30 μm、刺状突起の長さ 10−15 μm

2. *Tetraedriella tumidula* (REINSCH) KREINTZ & HEYNIG （ Plate 5　Figs. 7−9 ）

　細胞はピラミッド型の四面体で、各辺はやや膨らむものと凹むものがある。各頂点は円頭状で突起はない。細胞の側辺の長さ 13−31 μm

3. *Tetraedriella* sp. （ Plate 5　Figs. 10 ）

プセウドゴニオクロリス属　*Pseudogoniochloris*

　単細胞で浮遊性。細胞は扁平で、表面観は三角形や四辺形。各頂点には、鈍頭か次第に細くなる突起がある。細胞壁には小さな顆粒が規則的に配列していて、細胞の周縁は鋸歯状に見える。

1. *Pseudogoniochloris tripus* (PASCHER) KRIENITZ, HEGEWALD, REYMOND & PESCHKE （ Plate 5　Figs. 11 ）

　細胞は平らな三角形。角からは先端に丸い粒のある太い突起が伸び、細胞壁には顆粒がある。細胞の側辺の長さは突起を含めて21−36 μm

スキアジウム科　Sciadiaceae

　単細胞で浮遊性か付着性。細胞は球形や円筒状や紡錘形などがあり、細胞壁は二殻構造になっている。浮遊性のものは、細胞の両端に針状突起をもち、付着性のものは下端や下端から伸びる柄の先でほかのものに付着する。葉緑体は多数、円盤状や薄板状で、細胞壁に沿って配列している。

ケントリトラクツス属　*Centritractus*

　単細胞で浮遊性。細胞は円筒形で両端は短い円錐形か丸く突出している。両端から太くて長い針状突起が伸びる。細胞壁は厚く、中央で入れ子状に重なった 2 個の円錐状の部分から構成されている。長い細胞では 2 個の円錐状の部分の間に円筒状の部分が入っている。葉緑体は 2 または数個で、細胞壁に沿って湾曲した薄板状。

1. *Centritractus belanophorus* LEMMERMANN （ Plate 6　Figs. 1−3 ）

　細胞の径 6−10 μm 、長さ 20−60 μm、針状突起の長さ 20−35 μm

※　珪藻類　Bacillariophyceae

　　観察されたが、調査の対象外とした。

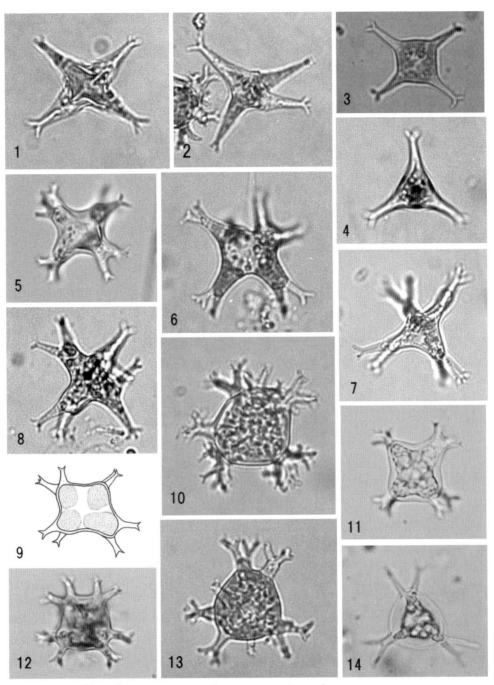

Plate 4   Pseudostaurastrum (Figs. 1〜14.   ×1000)
1〜4.   *Pseudostaurastrum hastatum* (p. 15)   5〜8.   *P. enorme* (p. 15)
9〜14.   *P. planctonicum* (p. 15)

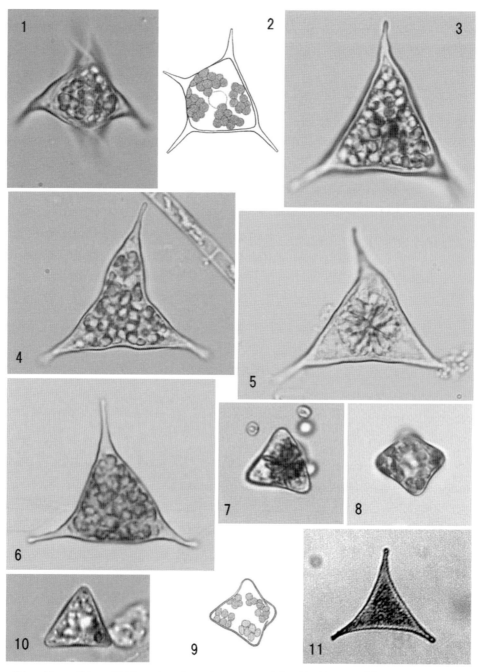

Plate 5　Tetraedriella　Pseudogoniochloris　(Figs. 1〜11　×1000)
1〜6.　*Tetraedriella spinigera*（p. 16）　　7〜9.　*T. tumidula*（p. 16）
10.　　*T.* sp.（p. 16）　　　　　　　　　11.　*Pseudogoniochloris tripus*（p. 16）

3. 褐色鞭毛藻類 Cryptophyceae

単細胞性で遊泳性。細胞はやや扁平な楕円形や紡錘形などをしていて背腹性がある。細胞の周りは周皮でおおわれている。細胞の前端は、円頭形や斜めの截頭形で、前端や肩寄りのくぼみからやや不等長の2本の鞭毛が前方に伸びている。鞭毛の1本は長く羽型、もう1本はやや短くて片羽型のものと鞭型のものがあるが、光学顕微鏡では観察できない。腹面には浅い縦溝をもつものがあり、この縦溝に沿って細胞内に刺胞が縦に配列する。葉緑体はクロロフィル、カロテン、数種のキサントフィルのほかにフィコビリンを含み、細胞は黄褐色、緑褐色、青緑色に見える。葉緑体は1個か2個。細胞の周皮に沿った杯状の薄板状でピレノイドがある。

クリプトモナス目 Cryptomonadales

クリプトモナス科 Cryptomonadaceae

クロオモナス属 Chroomonas

単細胞性で肩のところから伸びる2本の鞭毛をもち遊泳性。細胞は扁平で背腹性があり、前端は斜めに截形、後端は円頭形か細く尖る。腹面には前端から後端まで縦に走る浅い溝がある。細胞口から伸びる陥入部に平行して、縦に二列に配列した多数の刺胞がある。葉緑体は大きな薄板状で、細胞の背面に沿って湾曲している。淡青色でデンプン鞘に囲まれたピレノイドがある。数種が観察されたが、種名は明確には判定できなかった。

1. *Chroomonas* sp.1 　　　　　　　　　　　　　　(Plate 6　Figs. 4)
2. *Chroomonas* sp.2 　　　　　　　　　　　　　　(Plate 6　Figs. 5)
3. *Chroomonas* sp.3 　　　　　　　　　　　　　　(Plate 6　Figs. 6)

4. 渦鞭毛藻類 Dinophyceae

細胞は周りを周皮で包まれているものと、硬い被殻で包まれているものがある。細胞のほぼ中央には縦溝と細胞を取り巻く横溝がある。2本の鞭毛をもつが、横溝を取り巻く鞭毛は片羽型で、縦溝の方は羽型で下方に向かって長く伸びる。細胞内には多数の円板状や粒状でピレノイドをもつ葉緑体があり、クロロフィル、カロテンのほかに、ペリジニンやジアジノキサンチンなど数種の特異なキサントフィルをもつ。細胞は黄褐色や褐色に見えるが青緑色のものもある。

ペリジニウム目 Peridiniales

ギムノジニウム科 Gymnodiniaceae

単細胞で遊泳性。細胞には被殻がなく、周皮に包まれている。細胞をとり巻く横溝と縦溝があり、2本の鞭毛が腹側につき、それぞれの溝に沿って伸びている。横溝は完全に体を一周するも

のと、一部だけをとりまくものとがある。溝の形状が、属や種の主要な識別形質となっている。ケラチウムのような角状の突起はない。葉緑体をもつものと、もたない腐生性のものがある。

ギムノジニウム属 *Gymnodinium*

細胞は卵型や楕円形で、鞭毛のついている腹側は平ら。周皮に包まれていて細胞壁や被殻はない。 横溝は細胞の中央よりやや下側にあり、横溝を境にして下錐（下部）より上錐（上部）の方が大きい。縦溝は上錐の方にも伸びているものがある。葉緑体は多数、円盤状や粒状。葉緑体をもたないものもある。

1. *Gymnodinium aeruginosum* STEIN （ Plate 6　Figs. 9−11 ）

鞭毛を使い活発に動く。細胞は卵形ないし長斜方形。上下とも端は丸いが、上錐は幅の広い半球形で、下錐は角が丸い三角形。側面観は平ら。葉緑体は明るい青緑色で小さな桿状またはレンズ状で、壁に沿って多数ある。細胞の径 8.7−35 μm 、長さ 12.8−44 μm

2. *Gymnodinium uberrimum* (G.J. ALLMAN) KOFOID & SWEZY

（ Plate 6　Figs. 7−8 ）

鞭毛を使い活発に動く。細胞は幅の広い球形ないし楕円形。上下とも端は丸いが、上錐は釣鐘型。側面観は平ら。葉緑体は楔形をしたものが多数あり、放射状に配列している。細胞質には赤色の油滴が多数ある。細胞の径 19−75 μm 、長さ 24−90 μm

カトジニウム属 *Katodinium*

細胞は球形や楕円形またはマッシュルーム型。鞭毛のついている腹側は平ら。横溝は細胞の後端近くに位置し、上錐（上部）は大きく、下錐（下部）は著しく小さい。葉緑体はなく、細胞は透明である。

1. *Katodinium stigmaticum* (LINDEMANN) LOEBLICH （ Plate 6　Figs. 14−15 ）

細胞は卵形で側面観は平ら。上錐は丸い釣鐘型で、下錐は丸く幅が広い。葉緑体はない。
細胞の径 10−21 μm 、長さ 12−25 μm

2. *Katodinium woloszynskae* (SCHILLER) LOEBLICH （ Plate 6　Figs. 13 ）

細胞は卵形で側面観は平ら。上錐は丸い釣鐘型で、丸い下錐と比べてきわだって大きく幅が広い。葉緑体はない。細胞質内には反射する小さな粒が多数ある。
細胞の径 16−48 μm 、長さ 20−50 μm

ペリジニウム科 Peridiniaceae

単細胞で遊泳性。被殻は厚く、細胞を取り巻く横溝の上殻（上部）、下殻（下部）とも多数の殻板から構成され、表面が滑らかなものと網目模様のものとがある。横溝は完全に体を取り巻いている。上殻の頂端には孔があるものがあり、細胞には角状突起はない。葉緑体がある。

ペリジニウム属　*Peridinium*

2本の鞭毛をもち遊泳性。細胞は球形や卵型。被殻は厚く、上殻（上部）は11〜14枚、下殻（下部）は7〜8枚の殻板で構成されている。殻板の表面には細かい網目模様があり、殻板の縫合線の間の幅は広い。（ Pl. 7, Fig.11　Pl.8, Fig.5 ）葉緑体は多数で、粒状や円盤状。

白幡沼では、冬季に目立った。

1. *Peridinium bipes* STEIN　　　　　　　　　　　　　（ Plate 7　Figs. 6−8 ）

細胞は洋梨形ないし球形で、側面観は平ら。横溝は体中央より下を走る。上殻は円錐形または釣鐘型で長く発達し、下殻より大きい。頂端は尖り頂孔がある。底部には2本の刺状突起がある。細胞の径（25−）38−90 μm、長さ（35−）40−95 μm

2. *Peridinium cunningtonii*　LEMMERMANN　　　　　　（ Plate 7　Figs. 9−12 ）

細胞は楕円形で、側面観は平ら。横溝は体の中央部より少し下を走る。上殻は円錐形で、下殻は丸型で大きな刺状突起が6本ある。細胞の径 20−30 μm、長さ 20−40 μm

3. *Peridinium palatinum* LAUTERBORN　　　　　　　　（ Plate 8　Figs. 1−7 ）

全体は角ばった卵型。一周した横溝は、始点とはわずかなくいちがいがある。（ Pl. 8　Fig. 1 ）被殻の表面には細かい細点模様がある。縫合線の部分が畝のようになっていて、ごつごつした印象をあたえる。底板には細かな刺が房状にある。細胞の径 25−48 μm、長さ 30−55 μm

4. *Peridinium penardiforme* LINDEMANN　　　　　　　（ Plate 7　Figs. 4−5 ）

細胞は背腹にかなり扁平な卵形。底端がわずかにくぼんでいる。下殻の方が上殻よりやや広い。殻板の表面には小さな顆粒状突起が散在していて、縮緬のように見える。

細胞の径 9−30 μm、長さ 16−35 μm

5. *Peridinium penardii* (LEMMERMANN) LEMMERMANN　　　（ Plate 7　Figs. 1−3 ）

細胞はほぼ球形ないし卵型。上殻と下殻はほぼ同じ大きさ。殻版は薄い膜質で小さな刺や小孔がまばらに分布している。細胞の径 23−36 μm、長さ 25−38 μm

白幡沼では細胞の中に大きなオレンジ色の油滴をもつものが観察された。

ジノスファエラ科　Dinosphaeraceae

単細胞で遊泳性。細胞には厚い被殻がある。上殻、下殻とも少数の殻板で構成されている。横溝は完全に細胞を取り巻いている。葉緑体がある。

ジノスファエラ属　*Dinosphaera*

細胞は球形。上殻、下殻とも半球状。葉緑体は小さな粒状。数個の油滴がある。

1. *Dinosphaera palustris* (LEMMERMANN) KOFOID & MICHENER

（ Plate 6　Figs. 12 ）

細胞の径 25 μm、長さ 27−34 μm

ヘミジニウム科　Hemidiniaceae

単細胞で遊泳性。細胞は楕円形や卵型。細胞の周りの被殻は極めて薄く不明瞭。横溝は不完全で細胞を半周し、その端から縦溝が下方に伸びている。葉緑体がある。

ヘミジニウム属　Hemidinium

細胞の上端下端とも円頭形だが、下殻の方がやや細長い。葉緑体は長い円盤状で、多数、周縁に沿って放射状に配列している。

1. *Hemidinium nasutum* STEIN　　　　　　　　　　　　　（ Plate 8　Figs. 8−11 ）

細胞質中にオレンジ色の油滴が観察された。細胞の径 15−30 μm、長さ 22−36（−40）μm

ケラチウム科　Ceratiaceae

単細胞で遊泳性。被殻には、上殻に 1 本、下殻に 2〜3 本の長い角状突起がある。被殻は厚く表面に細かい網目模様がある。横溝は完全に一周している。葉緑体がある。

ケラチウム属　Ceratium

被殻の縫合線はあまり明瞭ではない。横溝と縦溝の交点には、腹板という平滑で大きな殻板がある。縦溝は幅が広く短い。葉緑体は多数で円盤状。細胞の形、角状突起の数、長さなどが季節や環境によって非常に変化しやすいことが知られている。海産のものは約 80 種と非常に多いが、淡水産のものは数種が知られている。

白幡沼では、角状突起の長さや形などでいろいろなものが見られた。

1. *Ceratium brachyceros* V. DADAY　　　　　　　　　　（ Plate 9　Figs. 1−2 ）

下方に伸びる角状突起は 2 本で短い。

被殻の径は横溝部分で 45（−55）μm、突起をふくめた長さ 80−100（−160）μm

2. *Ceratium hirundinella* (MÜLLER) DUJARDIN　　　（ Plate 9　Figs. 3−6 ）

上方に非常に長く伸びた角状突起が 1 本、下方に 2〜3 本伸びている。形態は多様に変化する。

被殻の径は横溝部分で 28−55 μm、突起をふくめた長さ 90−450 μm

≪ 灰青藻類　Glaucophyceae ≫

パウリネラ属　Paulinella

1. *Paulinella chromatophora*　　　　　　　　　　　　　（ Plate 9　Figs. 7−10 ）

有殻アメーバ類（ 原生動物根足虫類 ）に藍藻類 *Synechococcus* の一種が寄生したものと考えられている。内部の藍青色のソーセージ状のものは藍藻の *Synechococcus* で、*Paulinella chro-matophora* はこの藍藻の宿主である有核アメーバの名前である。

細胞の径 23 μm、長さ 30 μm　　白幡沼ではどの季節にもふつうに観察された。

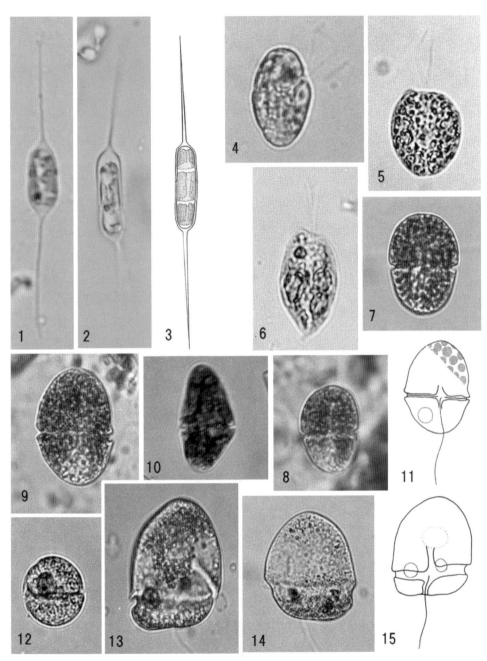

Plate 6 Centritractus Chroomonas Gymnodinium Dinosphaera Katodinium (Figs. 1〜6. ×1000   7〜15. ×700)
1〜3. *Centritractus belanophorus* (p. 16)   4〜6. *Chroomonas* sp. 1〜3 (p. 19)
7〜8. *Gymnodinium uberrimum* (p. 20)   9〜11. *G. aeruginosum* (p. 20)
12.   *Dinosphaera palustris* (p. 21)   13. *Katodinium woloszynskae* (p. 20)
14〜15. *K. stigmaticum* (p. 20)   (10: 側面観   14: 背面観)

23

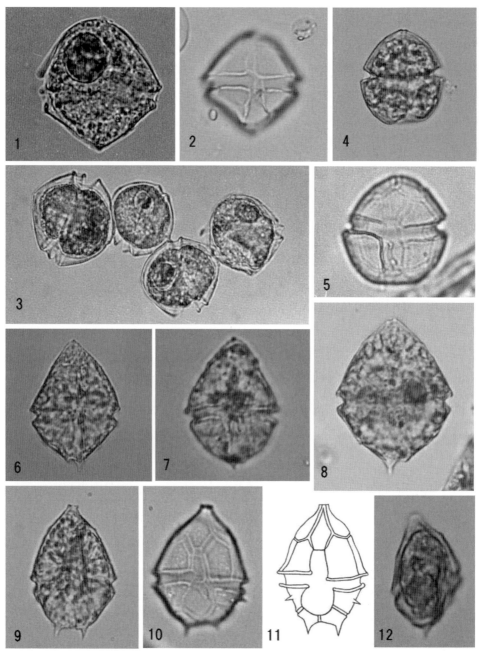

Plate 7　Peridinium　(Figs. 1〜2, 4〜12.　×1000　　3.　×700)
1〜3. *Peridinium penardii* (p. 21)　　4〜5. *P. penardiforme* (p. 21)
6〜8. *P. bipes* (p. 21)　　9〜12. *P. cunnigtonii* (p. 21)
(12: 側面観)

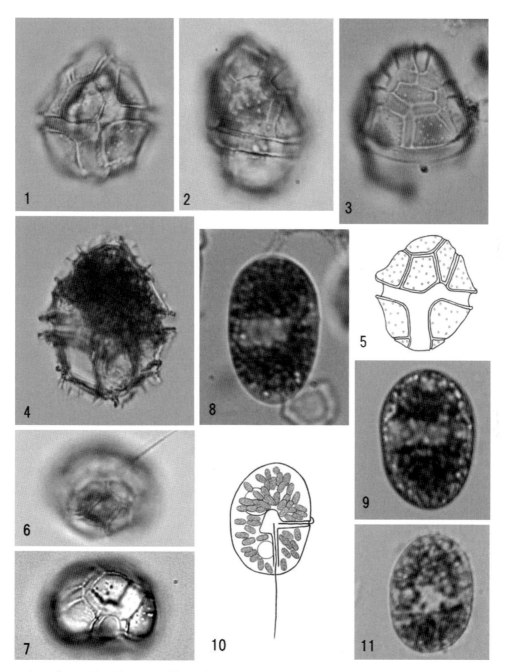

Plate 8　Peridinium Hemidinium　(Figs. 1〜11.　×1000)
1〜7. *Peridinium palatinum* (p. 21)
（1: 腹面観　2: 側面観　3: 背面観　6: 頂面観　7: 底面観）
8〜11. *Hemidinium nasutum* (p. 22)

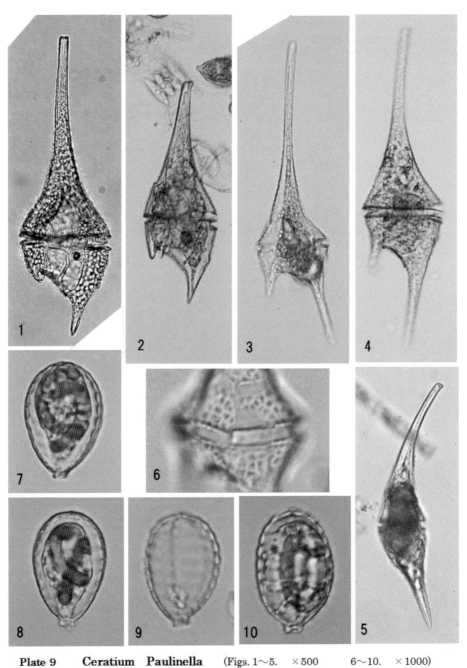

Plate 9　　Ceratium　Paulinella　　(Figs. 1〜5.　×500　　6〜10.　×1000)
1〜2.　*Ceratium brachyceros*（p. 22）
3〜6.　*C. hirundinella*（p. 22）（5：側面観　　6：背面観）
7〜10.　*Paulinella chromatophora*（p. 22）

※ 緑色鞭毛藻類　Chloromonadophyceae（ラフィドモナス類）
　　　観察されなかった。
※ 褐藻類　Phaeophyceae
　　　観察されなかった。

5. 緑虫藻類　Euglenophyceae

　細胞は卵形、紡錘形、楕円形などで、扁平なものもある。多くのものは1本の長い鞭毛をもつ。細胞には細胞壁がなく、周りは細胞質の固化した周皮に包まれている。細胞の外側に被殻という硬い殻をもつものもある。葉緑体は、クロロフィル、カロテン、キサントフィルなどで、緑藻と同じ緑色に見えるが、葉緑体のないものもある。パラミロン、眼点、細胞口、収縮胞などがある。

エウグレナ目　Euglenales

　単細胞性で、多くのものは1～2本の鞭毛をもち遊泳生活をする。葉緑体をもって独立栄養生活するものと葉緑体をもたないで有機物を食べる腐生生活や寄生生活をするものがある。

エウグレナ科　Euglenaceae

エウグレナ属（ミドリムシ属）Euglena

　単細胞で、前端に1本の鞭毛があり遊泳生活をする。多くの種では細胞の前端が丸く、後端は次第に細くなり突起で終わり、細長い大根のような形をしている。円筒形や細長い紡錘形をした種もある。細胞は、ねじれたり伸びたり丸くなったりして大きく形が変わる変形運動（ユーグレナ運動）をするが、種によってはほとんど形の変わらないものもある。葉緑体は多数で、粒状、円盤状、リボン状、薄板状など、種によっていろいろな形があり、ピレノイドはあるものとないものがある。収縮胞や眼点をもつが、パラミロン粒はあるものとないものがある。

　小さな沼や水田で水温が上がるころ、一面レンガの粉をまいたような赤褐色になることがある。この色の正体は、粘質の膜で包まれた丸い形のおびただしい数のエウグレナの休眠胞子である。この胞子は、ヘマトクロームという赤い色の色素を含んでいる。休眠胞子は、環境がよくなると発芽して鞭毛をもった細胞になって外に泳ぎだす。無性生殖は二分裂することで行われる。

　この属は細胞が変形運動をするので同定は難しいが、白幡沼では次の22種類が観察された。

1. *Euglena acus* EHRENBERG　　　　　　　　　　　　　　　　　（Plate 10　Figs. 1－4）

　細胞は細長い紡錘形で、頭部の先端は斜めに切り取ったような形をしている。尾部は次第に細くなり先端は尖っている。採集標本ではまっすぐに伸びた形をしている。パラミロン粒は棒状で、5～10数本がはっきり見える。葉緑体は小さな円盤状または多角形で多数ある。
鞭毛の長さは体長の3分の1～4分の1。細胞の径 10－14 μm 、長さ 98－140 μm

2. *Euglena archeoplastidiata* CHADEFAUD　　　　　　　　　　（Plate 10　Figs. 5－6）

　細胞は細長い卵型で、前端がやや引き伸ばされた形をしていることが多く、後端は尖らない。

パラミロン粒は小さい粒状で多数。葉緑体は1個の薄板状で周皮の内側に沿っていて、1〜2個のピレノイドがある。細胞の径（8−）10.5−12 µm 、長さ（20−）24−32 µm

3. *Euglena deses* EHRENBERG var. *deses*　　　　　　　　（ Plate 11　Figs. 5−8 ）

　細胞は円筒形で大型。変形運動をする。頭部の先端は丸く、尾部は非常に短い突起で終わっている。葉緑体は円盤状で 30〜50 個あり、中央部にピレノイドをもつ。パラミロン粒は長円形あるいは棒状。細胞の径 9−18 µm 、長さ 90−165 µm

4. *Euglena deses* f. *intermedia* KLEBS　　　　　　　　（ Plate 11　Figs. 3−4 ）

　細胞は細長い円筒形。前端は狭くなり先はにぶい突起状になっている。尾部は色がないか透明な短い突起で終わっている。鞭毛は短く体長の5分の1以下。葉緑体は小さな円盤状で多数あり、パラミロン粒は棒状。細胞の径 8−12 µm 、長さ 86−126 µm

5. *Euglena deses* f. *klebsii* (LEMMERMANN) POPOVA　　　　　　（ Plate 11　Figs. 1−2 ）

　細胞は細長い円筒形。細胞の径 8−14 µm 、長さ 61−73（−100）µm

6. *Euglena deses* var. *tenuis* LEMMERMANN　　　　　　　（ Plate 10　Figs. 10−11 ）

　細胞は細長い円筒形で、前端から後端にかけて変形運動をする。パラミロンは粒状のものが多数ある。細胞の径 8−11 µm 、長さ 95−140 µm

7. *Euglena ehrenbergii* KLEBS　　　　　　　　　　（ Plate 12　Figs. 1−10 ）

　細胞は平たく帯状でねじれていて大型。変形運動をする。（Pl. 12　Fig. 1−10）頭部と尾部の先端は丸い。葉緑体は小さな円盤状で、多数散在する。パラミロン粒は小さな粒状で、ほかに棒状のものが1〜2個あることが多い。細胞の径 27−38 µm 、長さ（170−）220−390 µm

8. *Euglena gracilis* KLEBS　　　　　　　　　　　（ Plate 13　Figs. 1−2 ）

　細胞は円筒形から紡錘形。頭部の先端は丸く、尾部の先端はにぶく尖っているが丸くなっている場合もある。運動に伴って少し変形する。葉緑体は皿状で薄く通常 6〜16 個あり、中央部にパラミロン鞘でおおわれたピレノイドをもつ。パラミロン粒は卵型または長円形。

細胞の径 7−13（−20）µm 、長さ 40−65（−90）µm

9. *Euglena granulata* (KLEBS) SCHMITZ　　　　　　　（ Plate 13　Figs. 3−4 ）

　細胞は幅の広い紡錘形。頭部の先端は丸く、尾部は次第に細くなり先端は尖っている。葉緑体は大きな皿状で 8〜14 個、中央部にパラミロン鞘で覆われたピレノイドをもつ。パラミロン粒は卵型あるいは長円形で、多数の微小な顆粒が細胞質中に散在する。

細胞の径 18−24 µm 、長さ 62−95 µm

10. *Euglena hemichromata* SKUJA　　　　　　　　（ Plate 13　Figs. 8−9 ）

　細胞はやや膨らんだ紡錘形。頭部の先端は丸く、尾部は次第に細くなり先端は尖っている。葉緑体は円盤状で多数散在している。ピレノイドはない。パラミロン粒は多数で形は不規則。

細胞の径 18−28 μm 、長さ(55−) 93−138 μm

11. *Euglena limnophila* LEMMERMANN （ Plate 10　Figs. 7−9 ）

　細胞は円筒形ないし紡錘形。頭部の先端は丸く、尾部は円錐状に細くなり刺状に尖る。葉緑体は小さな円盤状で多数ある。2 個の大きな環状のパラミロンをもつが、小さな桿状のものもある。

細胞の径 10−13 μm 、長さ 50−66 (−80) μm

12. *Euglena magnifica* E.G. PRINGSHEIM （ Plate 15　Figs. 4 ）

　細胞は紡錘形または細長い円筒形。頭部の先端は丸く、尾部の先端は尖っている。葉緑体は房状で 14〜25 個あり、房の先は周皮の内側で折れ曲がっている。葉緑体の中央部には両端がパラミロン鞘でおおわれたピレノイドがある。パラミロン粒は楕円形。

細胞の径 (17−) 22−30 μm 、長さ(70−) 85−115 μm

13. *Euglena oblonga* SCHMITZ （ Plate 13　Figs. 5−7 ）

　細胞は倒卵形または紡錘形。頭部の先端は丸く、尾部の先端は短い突起となっている。葉緑体は 12〜18 個あり、房状で房の先は周皮の内側で折れ曲がっている。細胞の中央にパラミロン鞘でおおわれたピレノイドがある。パラミロン粒は楕円形。

細胞の径 (18−) 25−32 μm 、長さ 50−68 μm

14. *Euglena oxyuris* SCHMARDA var. *oxyuris* （ Plate 14　Figs. 7−9 ）

　細胞は細長いやや扁平な円筒形で、ねじれている。頭部の先端は丸く、尾部は次第に細くなり、先端は透明な突起状に伸びている。運動に伴って少し変形する。葉緑体は小さな円盤状で多数あり、パラミロンは細長い環状のものが 2 個ある。周皮には縦に走る条線がある。

細胞の径 (10−) 16−25 μm 、長さ 95−450 μm

15. *Euglena oxyuris* SCHMARDA var.*charkowiensis* (SWIRENKO) CHU

（ Plate 14　Figs. 1−6, 10 ）

　細胞は円筒形で、ややねじれていて大型。頭部の先端は丸く、尾部は次第に細く長くなり、先端は透明になっている。運動に伴って少し変形する。周皮には条線が螺旋状に走っている。葉緑体は小さな円盤状で多数あり、パラミロンは大型で環状のものが 2 個ある。

細胞の径 17−25 μm 、長さ 135−180 (−320) μm

16. *Euglena proxima* DANGEARD （ Plate 15　Figs. 5−6 ）

　細胞は幅の広い紡錘形。頭部の先端はややすぼまり丸い。後端は次第に細くなり尖って透明。葉緑体は長楕円形で多数。パラミロン粒は楕円または角ばった桿状で多数ある。

細胞の径 11−22 μm 、長さ 43−79 μm

17. *Euglena sanguinea* EHRENBERG （ Plate 15　Figs. 1−3 ）

　細胞は幅の広い紡錘形で、頭部の先端は丸く、尾部は次第に細くなり、先端には透明な突起が

ある。葉緑体は12～16個で、房状で多数の裂片にわかれ、その先端は周皮の内側に沿って折れ曲がって条線に平行に配列している。細胞の中央にパラミロン鞘でおおわれたピレノイドがある。パラミロン粒は楕円形。細胞内に赤色のヘマトクロームがある。

細胞の径 25－35 μm、長さ（60－）90－120 μm

18. *Euglena spirogyra* EHRENBERG var. *spirogyra* （ Plate 16　Figs. 5－8 ）

細胞は細長い円筒形で、扁平でややねじれている。頭部の先端は丸く、尾部は次第に細くなり、先端は透明な突起状になっている。運動に伴って変形する。周皮には細かい突起物が条線に沿って螺旋状に並んでいる。葉緑体は小さな円盤状で多数。パラミロンは大型で環状のものが 2 個ある。細胞の径 10－15（－20）μm 、長さ 70－120（－160）μm

19. *Euglena spirogyra* var. *elegans* PLAYFAIR （ Plate 16　Figs. 3－4 ）

細胞は細長い円筒形。頭部の先端は丸く、尾部は次第に細くなり、先端は透明な突起状になっている。運動に伴って少し変形する。周皮には細かい突起物が条線に沿って螺旋状に並んでいる。葉緑体は小さな円盤状で多数。パラミロンは大型で環状のものが 2 個ある。

細胞の径 6－8（－14）μm 、長さ 100－110（－130）μm

20. *Euglena spirogyra* var. *marchica* LEMMERMANN （ Plate 16　Figs. 1－2 ）

細胞は大型で円筒形。頭部の先端は丸く、尾部は次第に細くなり、先端には透明で長い突起がある。運動に伴って変形する。周皮には細かい突起物が条線に沿って螺旋状に並んでいて、細胞は濃い緑色をしている。パラミロンは大型で環状のものが 2 個ある。

細胞の径 12－30（－38）μm 、長さ 85－165（－240）μm

21. *Euglena splendens* DANGEARD （ Plate 15　Figs. 7 ）

細胞は円筒形ないし幅の広い紡錘形。頭部の先端は丸く咽頭部がはっきり見え、尾部は鈍く尖っている。葉緑体は先が細くなったリボン状または紡錘形のものが多数あり、並行して並び縞状になっている。パラミロン粒は楕円形または角の取れた四角形で多数ある。

細胞の径 21－27（－46）μm 、長さ 74－110（－140）μm

22. *Euglena* sp.1 （ Plate 15　Figs. 8 ）

メノイジウム属　*Menoidium*

単細胞で、前端に一本の鞭毛があり遊泳生活をする。細胞は湾曲した細長い紡錘形で扁平。前端は斜めに切り取ったような形をしていて、くちばし状に突き出る。後端は細くなるが丸い。変形運動はしない。葉緑体はなく細胞は透明。小さな棒状と環状のパラミロン粒がある。

1. *Menoidium pellucidum* var. *steinii* POPOVA （ Plate 16　Figs. 9－10 ）

細胞は扁平で、正面観では湾曲した紡錘形。細胞の径 7－13 μm 、長さ 35－56 μm

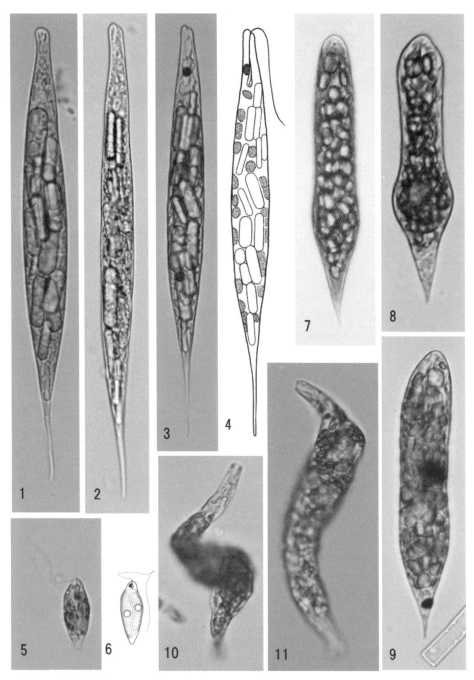

Plate 10 Euglena (Figs. 1~11. ×1000)
1~4. *Euglena acus* (p. 27)   5~6. *E. archeoplastidiata* (p. 27)
7~9. *E. limnophila* (p. 29)   10~11. *E. deses* var.*tenuis* (p. 28)

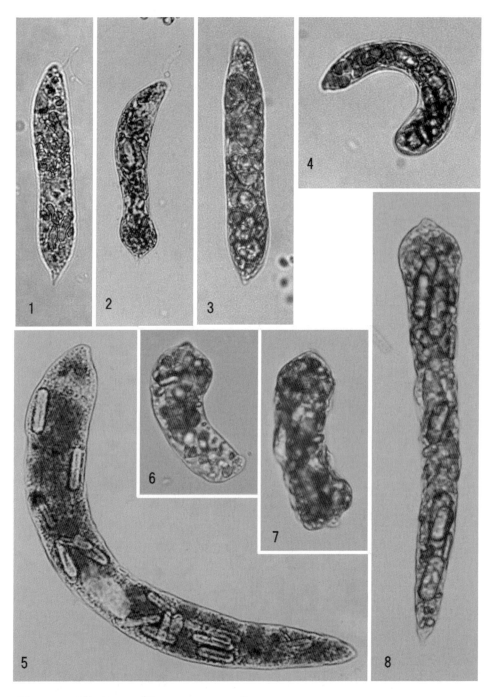

Plate 11   Euglena (Figs. 1〜8.   × 700)
1〜2. *Euglena deses* f. *klebsii* (p. 28)   3〜4. *E. deses* f. *intermedia* (p. 28)
5〜8. *E. deses* var. *deses* (p. 28)

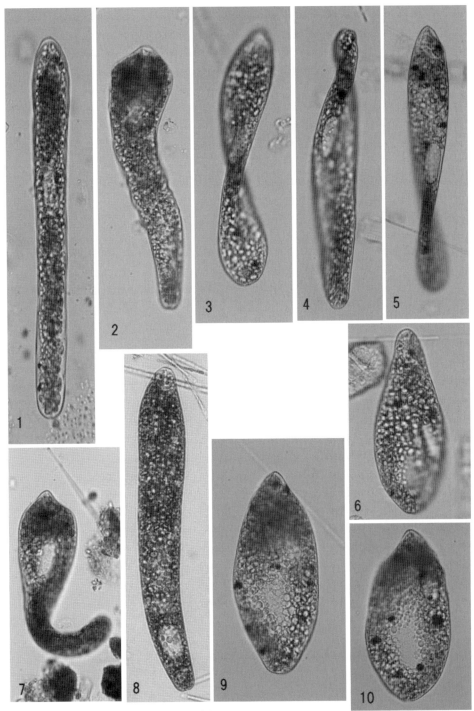

Plate 12　Euglena　(Figs. 1〜10.　×500)
1〜10.　*Euglena ehrenbergii* (p. 28)

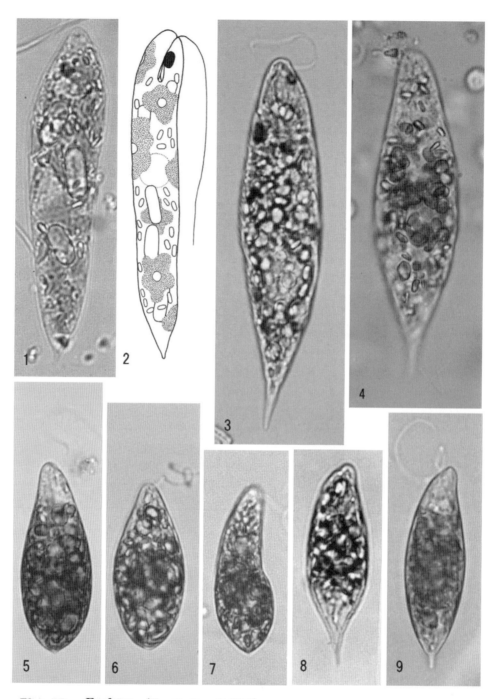

Plate 13　Euglena　(Figs. 1～9.　× 1000)
1～2.　*Euglena gracilis* (p. 28)　　3～4.　*E. granulata* (p. 28)
5～7.　*E. oblonga* (p. 29)　　　　 8～9.　*E. hemichromata* (p. 28)

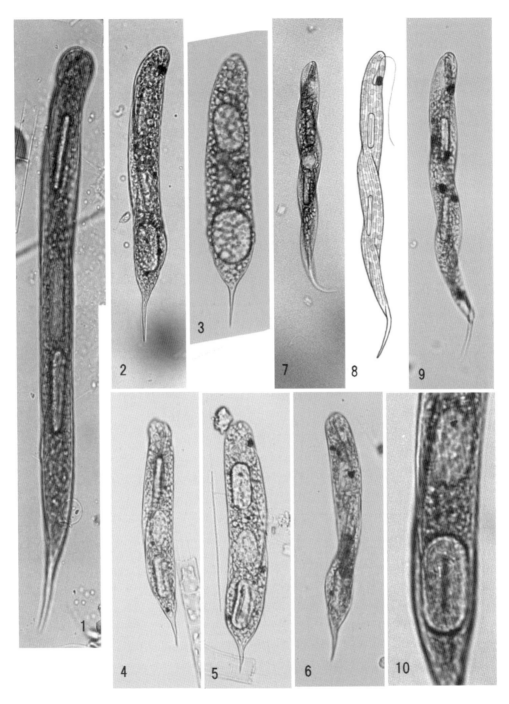

Plate 14 Euglena (Figs. 1~9. ×500   10. ×1000)
1~6,10. *Euglena oxyuris* var. *charkowiensis* (p. 29)
7~9.   *E. oxyuris* var. *oxyuris* (p. 29)

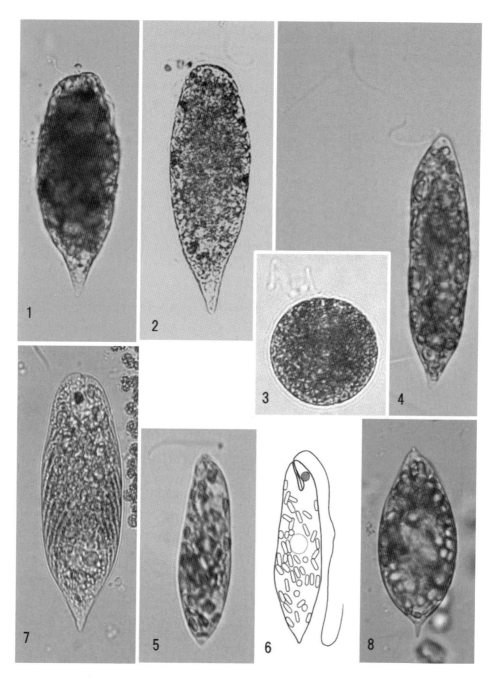

Plate 15　Euglena　　(Figs. 1〜6, 8.　×1000　　7.　×500)
1〜3.　*Euglena sanguinea* (p. 29) (3： 休眠胞子形成)
4.　*E. magnifica* (p. 29)　　　5〜6.　*E. proxima* (p. 29)
7.　*E. splendens* (p. 30)　　　8.　*E.* sp. 1　(p. 30)

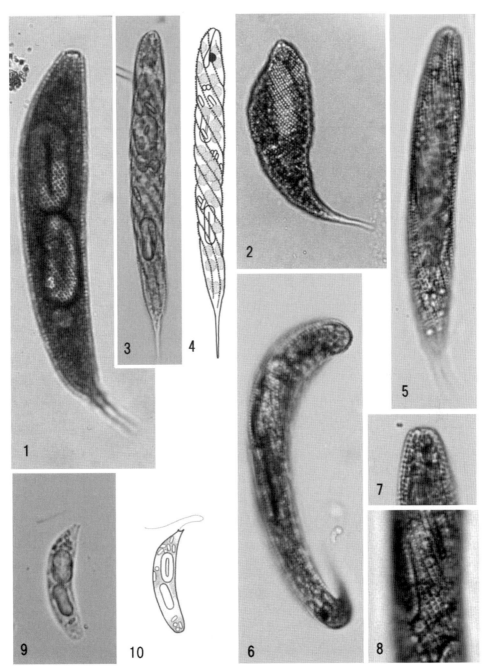

Plate 16　Euglena　Menoidium
(Figs. 1〜2.　×500　　3〜6.　×700　　7〜10.　×1000)
1〜2.　*Euglena spirogyra* var. *marchica* (p. 30)　　3〜4.　*E. spirogyra* var. *elegans* (p. 30)
5〜8.　*E. spirogyra* var. *spirogyra* (p. 30)
(7: 頭部　8: 周皮には突起物が条線にそって螺旋状に並ぶ)
9〜10.　*Menoidium　pellucidum* var. *steinii* (p. 30)

レポキンクリス属　*Lepocinclis*

単細胞で、前端に 1 本の鞭毛があり遊泳生活をする。細胞は紡錘形や卵型である。前端は広円形または円錐状に細くなっているが先は尖らない。後端は多くの種では次第に細くなり、短い突起で終わっている。表面には、縦や斜めに螺旋状に平行して走る条線がある。エウグレナ属 *Euglena*（ p. 27 ）のような変形運動はしない。ファクス属 *Phacus*（ p. 52 ）に形が似ているものがあるが、レポキンクリス属の細胞の頂面観は円形でファクス属の細胞の頂面観は扁平である。

葉緑体は小さな円盤状で多数あり、ピレノイドはあるものとないものがある。収縮胞や眼点をもつ。2 個の大きな環状のパラミロンが細胞壁に沿ってあり、正面観ではアルファベットのＣの字が背中合わせをしたように見え、この形のパラミロンは見る位置によって異なって見える。

（ Plate 19　Figs. 1−5 ）一部のものは、多数の円盤状や桿状のパラミロン粒をもっている。

無性生殖は、二分裂することで行われる。

白幡沼では次の 37 種類が観察された。

1.　*Lepocinclis cylindrica* (Korschikoff) Conrad　　　　　（ **Plate 18　Figs. 13−16** ）

　　細胞は幅の広い円柱形で、側縁はほぼまっすぐ。前端は丸く突き出している。後端も丸く、小さな乳頭状の突起がある。周皮には螺旋状に走る条線がまばらにあり、パラミロンは大型の環状のものが 2 個ある。細胞の径 13−17 μm 、長さ 22−32 μm

2.　*Lepocinclis cymbiformis* Playfair　　　　　　　　　（ **Plate 17　Figs. 7−8** ）

　　細胞は幅の狭い紡錘形で、側縁はまっすぐか中央部でやや膨らんでいる。前端は細くなり截頭型。後端に行くにつれ円錐状に細くなり、短い突起がある。周皮には縦に走る不鮮明な条線がまばらにある。パラミロンは小さな環状のものが 2 個。

細胞の径 8−11 μm 、長さ（ 25−）30−34 μm

3.　*Lepocinclis fusiformis* (Carter) Lemmermann var.*excavata* Bourrelly

　　　　　　　　　　　　　　　　　　　　　　　　　　　　　（ **Plate 17　Figs. 9** ）

　　細胞は幅の広い紡錘形。側縁は幅広く膨らんでいる。前端は円錐状に細くなり截頭形で終わる。後端は次第に狭くなるが平らで、小さくて浅いくぼみがある。周皮には螺旋状に走る条線があり、パラミロンは大きな環状で 2 個ある。細胞の径 30（−34 ） μm 、長さ 38（−50 ） μm

4.　*Lepocinclis fusiformis* (Carter) Lemmermann var.*major* Fritsch & Rich

　　　　　　　　　　　　　　　　　　　　　　　　　　　　　（ **Plate 17　Figs. 1−3** ）

　　細胞は幅の広い紡錘形。前端は細くなり截頭形。後端には短くて小さな突起がある。周皮には螺旋状に走る条線が密にあり、パラミロンは大きな環状で 2 個ある。

細胞の径 24−29 μm 、長さ 39−45（−60 ） μm

5. *Lepocinclis glabra* DREZEPOLSKI var.*glabra*　　　　　　（ Plate 18　Figs. 3−4 ）

　細胞は幅の広い卵形。前端は円錐状に細くなり截頭型で、後端には小さな突起がある。周皮には螺旋状に走る条線があり、パラミロンは環状のものが2個ある。

細胞の径 21−23 μm、長さ 25−29 μm

6. *Lepocinclis glabra* DREZEPOLSKI var. *papilosa* SHI　　　（ Plate 18　Figs. 5−7 ）

　細胞は幅の広い球に近い卵形。側縁はやや膨らむ。前端は円錐状に細くなるが尖らない。後端も円頭形で乳頭状の小さな突起が中央にある。周皮には螺旋状に走る密な条線があり、パラミロンは環状のものが2個ある。細胞の径 17−21 μm、長さ 26−28 μm

7. *Lepocinclis gracillicauda* DEFLANDRE　　　　　　　　（ Plate 18　Figs. 1−2 ）

　細胞は幅の広い楕円形ないしは卵形。前端、後端とも広円形で、後端にはまっすぐで細い刺状突起がある。周皮には螺旋状に走る条線があり、パラミロンは環状のものが2個。

細胞の径 16−17 μm、突起を含めた長さ 28−29（−35）μm、刺状突起の長さ 8−12 μm

8. *Lepocinclis heterochila* KUFFERATH　　　　　　　　　（ Plate 17　Figs. 12 ）

　細胞は円柱形から長楕円形。側縁はやや膨らんでいるかまっすぐ。前端は円頭形。後端は円錐状に細くなり短い刺状突起がある。周皮には螺旋状に走る条線があり、パラミロンは環状のものが2個または細長い粒状のものがいくつかある。白幡沼では大型のものが観察されている。

細胞の径 11−18（−35）μm、長さ 36−43（−110）μm

9. *Lepocinclis longistriata* CHU var.*longistriata*　　　　（Plate 18　Figs. 10−12 ）

　細胞は球形だが、わずかに長さの方が幅より長い。前端は狭くなるが丸く中央部がわずかに平らである。後端は幅の広い円頭形で突起がない。周皮には縦に走る条線があり、パラミロンは大きな環状のものが2個ある。細胞の径 11−14 μm、長さ 14−17 μm

10. *Lepocinclis longistriata* CHU var.*papilla* CHU　　　（ Plate 18　Figs. 8−9 ）

　細胞は幅の広い卵形ないし球形。側縁は丸く膨らみ、縦の方が横よりわずかに長い。前端は狭くなるが丸く中央部がわずかに平らである。後端は幅の広い円頭形で、小さな突起がある。周皮には縦に走る条線があり、パラミロンは大きな環状のものが2個ある。

細胞の径 16−18 μm、長さ 17−19 μm

11. *Lepocinclis marssonii* LEMMERMANN　　　　　　　（ Plate 17　Figs. 10−11 ）

　細胞は円柱に近い紡錘形で、側縁はわずかに膨らむ。前端は狭くなり、截頭型であるが、先端には凹みがある。後端に行くにつれて細くなり、まっすぐな刺状突起で終わっている。周皮には縦に走る条線があり、パラミロンは2個で環状。

細胞の径 10−17 μm、突起を含めた長さ 35−45 μm

12. *Lepocinclis ovata* (Playfair) Conrad （ Plate 18　Figs. 17−18 ）

　細胞は幅の狭い卵型ないしは幅の広い長円形で頂面観は円形。側縁はやや膨らみ周皮にある深い条線により波打っているように見える。前端は円頭形で平ら。後端は急に細くなり、細長い刺状突起が伸びている。周皮には螺旋状に走る条線が6〜7本あり、太く肋線状に見える。パラミロンは桿状の小さなものが多数ある。

細胞の径16−18μm 、突起を除いた長さ26−28μm、突起の長さ5−9（−15）μm

13. *Lepocinclis ovum* (Ehrenberg) Lemmermann var.*angustata*
(Deflandre) Conrad （ Plate 19　Figs. 7−9 ）

　細胞は紡錘形ないし角の丸い長いひし形。前端はほぼ截頭形。後端は細くなり先端は短くて太い突起で終わる。突起の基部はわずかにくびれる。周皮には螺旋状に走る条線がある。パラミロンは環状のものが2個。細胞の径13−16μm 、長さ（28−）32−34（−38）μm

14. *Lepocinclis ovum* (Ehrenberg) Lemmermann var.*buetschlii* Conrad

（ Plate 19　Figs. 1−6 ）

　細胞は卵型ないし広楕円形。前端はやや細くなり、円頭形で平らなこともある。後端は細くなり、まっすぐな短い突起があり、その基部には膨らみがある。周皮には螺旋状に走る条線がある。パラミロンは環状のものが2個。

細胞の径12−24μm 、長さ（28−）30−42μm、突起の長さ（3−）5−7μm

15. *Lepocinclis ovum* (Ehrenberg) Lemmermann var.*ezeizae* Conforti

（Plate 19　Figs. 16−18 ）

　細胞は幅の狭い卵型。前端は円錐状に細くなるが尖らない。後端は幅の狭い円頭形。周皮には螺旋状に走る条線がある。パラミロンは環状のものが2個ある。

細胞の径19−21μm 、長さ35−37μm

16. *Lepocinclis ovum* (Ehrenberg) Lemmermann var.*obesa* Chu

（ Plate 19　Figs. 10−15 ）

　細胞は球形ないし卵型。前端は円錐状にやや突き出す。後端はやや細くなり、短い突起がある。周皮には螺旋状に走る条線がある。パラミロンは環状のものが2個ある。

細胞の径（25−）36−39μm 、長さ（33−）42−43（−48）μm

17. *Lepocinclis playfairiana* Deflandre var.*playfairiana*

（ Plate 18　Figs. 19−20 ）

　細胞は幅の広い紡錘形。側縁は大きく膨らんでいる。前端は円錐状に細くなり、くちばし状に小さく突き出している。後端は徐々に細くなり、長い突起がある。周皮は滑らかか、かすかに螺旋状に走る条線がある。パラミロンは環状のものが2個ある。

40

細胞の径 17－26 μm 、長さ 40－53 μm

18. *Lepocinclis playfairiana* DEFLANDRE var.*striata* CONFORTI

(Plate 18 Figs. 21)

細胞はひし形ないしは幅の広い紡錘形。前端は小さくくちばし状に突き出している。後端は円錐状に細くなり、短い突起がある。周皮には密な螺旋状に走る条線がある。パラミロンは環状のものが2個ある。細胞の径 23－26 μm 、長さ 43－48（－55）μm

19. *Lepocinclis redekei* CONRAD   (Plate 20 Figs. 8－9)

細胞は円筒形。側縁はほぼまっすぐ。前端は丸く、後端はわずかに細くなり丸く、乳頭状の突起がある。周皮には螺旋状に走る条線がある。パラミロンは環状のものが2個ある。

細胞の径 10－13 μm 、長さ 22－26 μm

20. *Lepocinclis salina* FRITSCH var.*salina*   (Plate 20 Figs. 4)

細胞は卵型。側面観は丸い。前端は細くなりふつうは左右不相称。後端は広円形。周皮には螺旋状に走る細い条線が密に並んでいる。パラミロンは小さな粒状のものが多数ある。

細胞の径 27－31 μm 、長さ 36－60 μm

21. *Lepocinclis salina* FRITSCH var.*caudata* CONFORTI   (Plate 20 Figs. 1－2)

細胞は卵型。側面観は丸い。前端は円錐状に細くなり先は尖り、はっきりした背溝がある。後端は幅の広い円頭形で、短くて先の尖らない突起がある。周皮には螺旋状に走る条線がある。パラミロンは球形をした粒状のものがたくさんある。

細胞の径（28－）32－34 μm 、長さ（38－）43－45 μm

22. *Lepocinclis salina* FRITSCH var.*pachyderma*（DEFLANDRE）CONRAD

(Plate 20 Figs. 3)

細胞は幅の広い卵型。前端はやや細くなり円頭形。後端は広円頭形で突起はない。周皮には螺旋状に走る条線が密にある。パラミロンは粒状のものが多数。

細胞の径 17－19 μm 、長さ 22－25 μm

23. *Lepocinclis salina* FRITSCH var.*papulosa* CONRAD   (Plate 20 Figs. 5)

細胞は卵型から円柱形に近い卵型。側縁はわずかに膨らんでいるかまっすぐ。前端はややすぼまり円頭形。後端も幅の広い円頭形で、小さな乳頭状の突起がある。周皮には螺旋状に走る条線があり、パラミロンは粒状で桿状のものが多数。

細胞の径（25－）30－36 μm、長さ（36－）48－50 μm

24. *Lepocinclis setosa*（FRANCÉ）YAMAGISHI   (Plate 20 Figs. 6－7)

細胞の側面観は角の丸い四角形あるいは短い円筒形。頂面観は円形ないしは幅の広い楕円形。前端は側面から見ると平らであるが、全体的に丸くくぼんでいる。後端は丸く、まっすぐで長い

41

刺状突起が伸びている。周皮には螺旋状に走る条線がある。パラミロンは環状のものが 2 個と桿形をした粒状のものがある。

細胞の径（ 17−）20−23 μm 、突起をふくめない長さ 23−26 μm、突起の長さ 10−13 μm

25. *Lepocinclis sphagnophila* LEMMERMANN var.*podolica* DREZEPOLSKI

（ Plate 20　Figs. 10−11 ）

細胞は幅の広い紡錘形。前端は円錐状に細くなる。後端は次第に細くなり、円錐状の短い突起で終わっている。周皮には螺旋状に走る条線がある。パラミロンは環状で 2 個ある。

細胞の径（ 16−）18−20 μm 、長さ 31−38 μm

26. *Lepocinclis steinii* LEMMERMANN （ Plate 17　Figs. 4−6 ）

細胞は円柱に近い紡錘形で、側縁はわずかに膨らむ。前端は狭くなり、截頭型。後端にはまっすぐで短い刺状の突起がある。周皮には縦に走る条線があり、パラミロンは環状のものが 2 個。

細胞の径 10−13 μm、突起を含めた長さ 20−25 μm

27. *Lepocinclis teres* (SCHMITZ) FRANCÉ （ Plate 21　Figs. 1−10 ）

細胞は卵形ないし洋梨型。前端は幅の広い円頭形で、後端は円錐状に細くなり突出する。周皮には螺旋状に走る条線が密にある。パラミロン粒は小さな環状で多数ある。

細胞の径 18−25（−50） μm 、突起をふくめた長さ 30−38（−115） μm

白幡沼では様々な大きさのものが見られた。

28. *Lepocinclis texta* (DUJARDIN) LEMMERMANN var.*bullata* (PLAYFAIR) CONRAD

（ Plate 22　Figs. 1−2 ）

細胞は球形に近い卵型で大型。側面観は丸く幅が広いが、前端と後端に近いところではややすぼまっている。側縁は大きく膨らんでいる。前端は細くなって鈍形の小さな突起で終わり、浅い溝がある。後端は徐々に円錐状に細くなって丸くなっているが尖っているものもある。周皮には螺旋状に走る条線が密にある。パラミロンは球形や桿状の小さなものが多数。

細胞の径 42−50 μm 、長さ 53−55（−70） μm

29. *Lepocinclis texta* (DUJARDIN) LEMMERMANN var.*obesa* (PLAYFAIR) CONRAD

（ Plate 22　Figs. 3−5 ）

細胞はほぼ球形。前端ではわずかに細くなっている。周皮やパラミロンについてはわかっていない。細胞の径約（ 30−）52 μm 、長さ約 55（−40） μm

30. *Lepocinclis texta* (DUJARDIN) LEMMERMANN var.*ovata* (PLAYFAIR) CONRAD

（ Plate 22　Figs. 6−8 ）

細胞は卵型ないし楕円形。側縁はやや膨らむ。前端はやや細くなるが、円頭形。後端は丸く突起はない。周皮には螺旋状に走る条線が密にあるが不明瞭。パラミロンは桿状の小さなものが多

数。細胞の径 25−32 μm 、長さ 38−50 μm

31. *Lepocinclis texta* (DUJARDIN) LEMMERMANN var.*richiana* (CONRAD) CONRAD　　　　　　　　　　　　　　　　　　　　　　（ Plate 20　Figs. 12−13 ）

細胞は卵型ないし細長い卵型。側縁は幅広く膨らむ。前端は狭くなるが円頭形。後端は円錐状に細くなり先の尖らない短い突起がある。周皮には螺旋状に走る条線がある。パラミロンは桿状の小さなものが多数。細胞の径 21−24（−53 ） μm 、長さ 35−49（−100 ） μm

32. *Lepocinclis truncata* (CUNHA) CONRAD　　　　　　　　（ Plate 23　Figs. 3 ）

細胞は五角形の長円形。側縁の中央は凸型に膨らむ。前端は幅が広く切り取ったように終わっている。後端は幅の広い円頭形で突起がない。周皮に斜めに走る条線があり、パラミロンは大きな環状のものが 2 個ある。白幡沼のものは非常に大型である。

細胞の径 28−35（−57 ） μm、長さ 40−47（−90 ） μm

33. *Lepocinclis wangii* CHU　　　　　　　　　　　　　（ Plate 23　Figs. 1−2 ）

細胞は紡錘形で、側縁は膨らんでいる。前端は円錐状に細くなり、先はくちばし状に突き出し、片側に浅い切れ込みがある。後端は次第に細くなりまっすぐな刺状突起がある。周皮には螺旋状に走る条線がある。パラミロンは環状のものが 2 個ある。

細胞の径 19−28 μm 、長さ 47−56（−65 ） μm

34. *Lepocinclis* sp.1　　　　　　　　　　　　　　　　　（ Plate 23　Figs. 4 ）
35. *Lepocinclis* sp.2　　　　　　　　　　　　　　　　　（ Plate 23　Figs. 5 ）
36. *Lepocinclis* sp.3　　　　　　　　　　　　　　　　　（ Plate 23　Figs. 6 ）

白幡沼では、このほかに小形で長い刺状突起をもつ次のような様々な形の種が見られたが、個体数が少なくて種の同定はできなかった。ここでは、それらをあげておくにとどめる。

37. *Lepocinclis* spp.　　　　　　　　　　　　　　　　　（ Plate 24　Figs. 1−24 ）

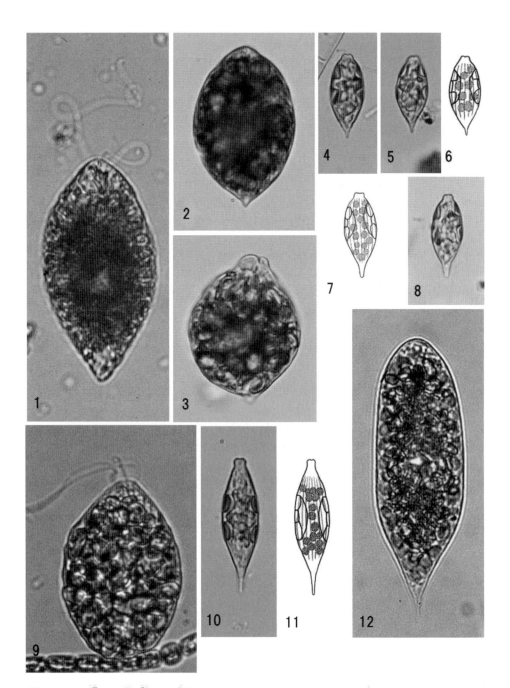

Plate 17　Lepocinclis　(Figs. 1〜11.　×1000　12.　×700)
1〜3.　*Lepocinclis fusiformis* var. *major* (p. 38)　　4〜6.　*L. steinii* (p. 42)
7〜8.　*L. cymbiformis* (p. 38)　　9.　*L. fusiformis* var. *excavata* (p. 38)
10〜11.　*L. marssonii* (p. 39)　　12.　*L. heterochila* (p. 39)

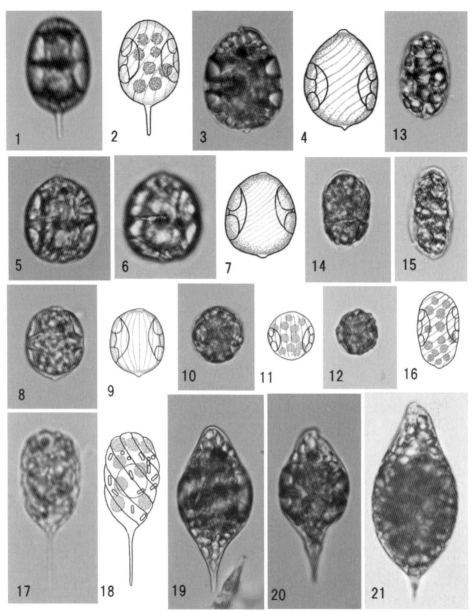

Plate 18 Lepocinclis (Figs. 1~21. ×1000)
1~2. *Lepocinclis gracillicauda* (p. 39)   3~4. *L. glabra* var. *glabra* (p. 39)
5~7. *L. glabra* var. *papilosa* (p. 39)   8~9. *L. longistriata* var. *papilla* (p. 39)
10~12. *L. longistriata* var. *longistriata* (p. 39)   13~16. *L. cylindrica* (p. 38)
17~18. *L. ovata* (p. 40)
19~20. *L. playfairiana* var. *playfairiana* (p. 40)
21. *L. playfairiana* var. *striata* (p. 41)

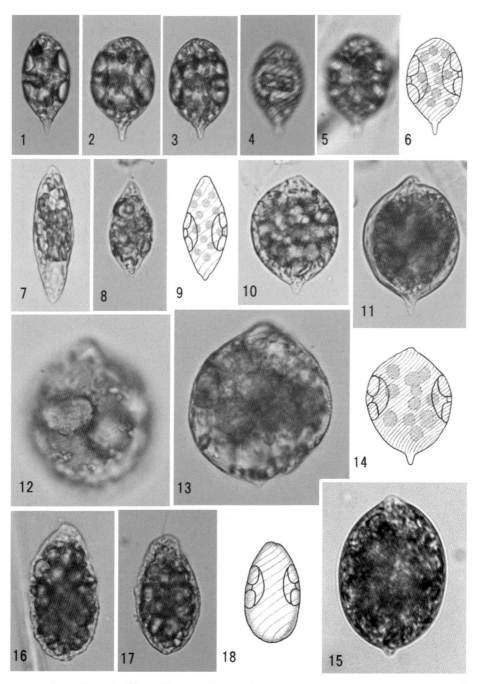

Plate 19 Lepocinclis (Figs. 1〜18. ×1000)
1〜6. *Lepocinclis ovum* var. *buetschlii* (p. 40)   7〜9. *L. ovum* var. *angustata* (p.40)
10〜15. *L. ovum* var. *obesa* (p. 40)   16〜18. *L. ovum* var. *ezeizae* (p. 40)

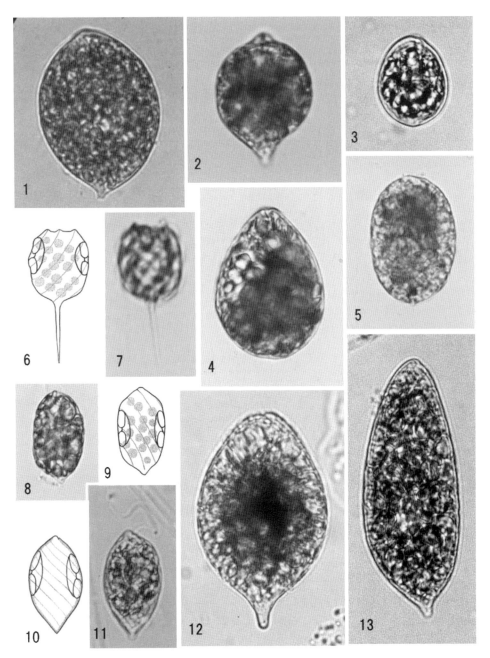

Plate 20　Lepocinclis　(Figs. 1〜11.　×1000　　12〜13.　×700)
1〜2.　*Lepocinclis salina* var. *caudata* (p.41)　　3.　*L. salina* var. *pachyderma* (p.41)
4.　*L. salina* var. *salina* (p.41)　　　　　　　　5.　*L. salina* var. *papulosa* (p.41)
6〜7.　*L. setosa* (p.41)　　　　　　　　　　　　8〜9.　*L. redekei* (p.41)
10〜11.　*L. shagnophila* var. *podolica* (p.42)　12〜13.　*L. texta* var. *richiana* (p.43)

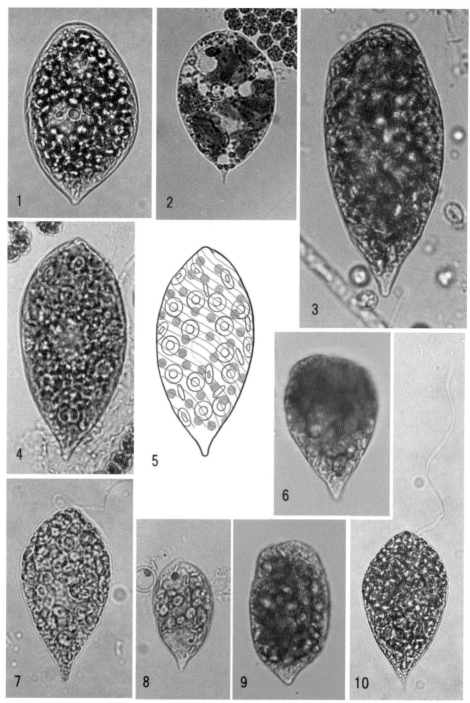

Plate 21 Lepocinclis   (Figs. 1〜10.   ×700)
1〜10. *Lepocinclis teres* (p.42)

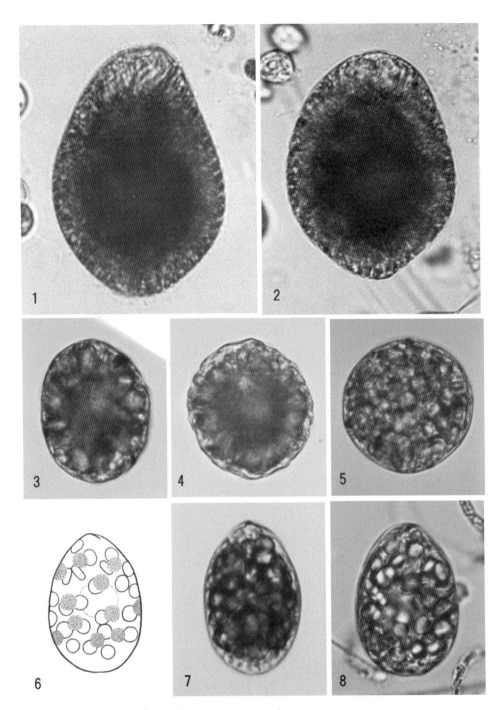

Plate 22　Lepocinclis　(Figs. 1〜8.　×1000)
1〜2.　*Lepocinclis texta* var. *bullata*（p. 42）　　3〜5.　*L. texta* var. *obesa*（p. 42）
6〜8.　*L. texta* var. *ovata*（p. 42）

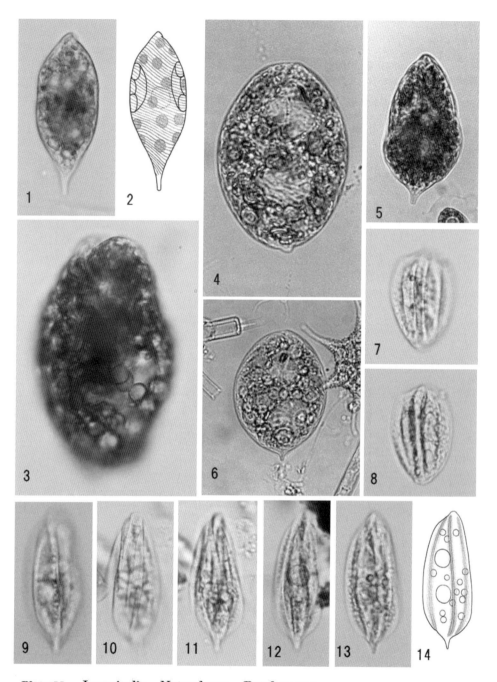

Plate 23　Lepocinclis　Notosolenus　Petalomonas
(Figs. 1〜6.　×700　　7〜14.　×1000)
1〜2. *Lepocinclis wangii* (p. 43)　　　3. *L. truncata* (p. 43)
4. *L.* sp.1 (p. 43)　　　5. *L.* sp.2 (p. 43)　　　6. *L.* sp.3 (p. 43)
7〜8. *Notosolenus chelonides* (p. 68)　　　9〜14. *Petalomonas praegnans* (p. 68)

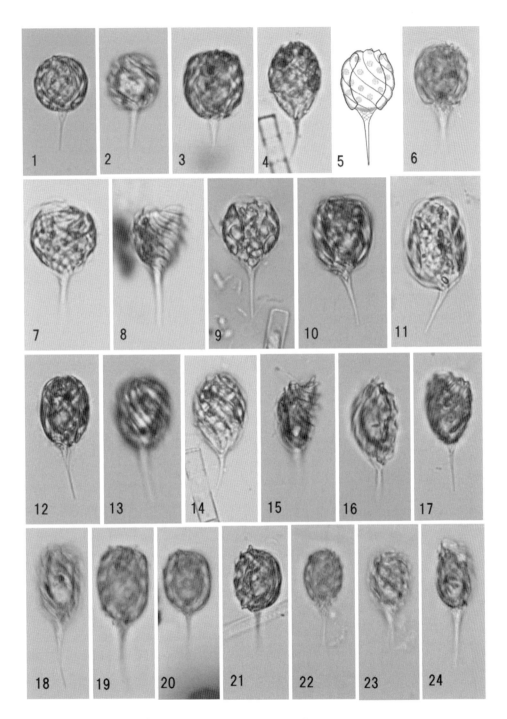

Plate 24　Lepocinclis　（Figs. 1〜24．　×1000)
1〜24．*Lepocinclis* spp.（p. 43）　　（8, 15, 16： 側面観）

ファクス属　*Phacus*

　単細胞で、前端に1本の鞭毛があり遊泳生活をする。細胞の多くは薄く扁平で、それが螺旋状にねじれたものもある。細胞を正面から見ると、幅の広い卵型や楕円形をしていて、前端は丸く、その中央には浅いくぼみがあり、そこから鞭毛が伸びている。後端は、多くの種では円錐状に細くなっていき、先端は尖って終わるかまたは長い刺状突起になっている。全体ではうちわのような形をしている。表面には何本もの縦や螺旋状に平行して走る条線がある。

　葉緑体は小さな円盤状で多数あり、ピレノイドはない。収縮胞や眼点をもち、数個の環状または円板状のパラミロンがある。

　無性生殖は二分裂することで行われる。レポキンクリス属 *Lepocinclis*（p.38）に似た形のものがあるが、ファクス属 *Pacus* の方は、細胞の断面が丈の低い三角形ないしは扁平（ Plate 25 Fig.16 ）である。白幡沼では次の17種類が観察された。

1.　*Phacus acuminatus* STOKES var.*acuminatus*　　　　　　（Plate 25　Figs. 1−2 ）

　細胞は円形に近い卵型。前端は円頭形で浅い溝がある。後端は広円形で、刺状突起は短くやや湾曲している。周皮には、縦に走る条線があり、パラミロンは円板状でふつうは1個、大小2個あることもある。細胞の径 20−30 μm 、長さ（ 25−）30−40 μm

2.　*Phacus acuminatus* STOKES var.*megaparamylica*（ROLL）
　　HUBER-PESTALOZZI　　　　　　　　　　　　　　　　（ Plate25　Figs. 5−6 ）

　細胞は三角がかった卵型。前端は細くなり円頭形で浅いくびれがある。後端は幅の広い円頭形で刺状突起は細く短くやや湾曲している。周皮には、縦に走る条線があり、大きな環状のパラミロンが1個ある。細胞の径 24−28 μm 、長さ 28−30（−38）μm、刺状突起の長さ 4−6 μm

3.　*Phacus ankylonoton* POCHMANN　　　　　　　　　　（ Plate25　Figs. 11−12 ）

　細胞は長楕円形から長卵型で、背面には縦に走る隆起線がある。前端は円頭形で背溝の部分で凹んでいる。後端はやや細くなり、やや湾曲した刺状突起がある。周皮には縦に走る条線があり、円板状のパラミロンが2個ある。

細胞の径 17−20 μm 、長さ 26−33 μm、刺状突起の長さ 5−9 μm

4.　*Phacus curvicauda* SWIRENKO　　　　　　　　　　（ Plate25　Figs. 10 ）

　細胞は幅の広い卵型ないしはほぼ球形。前端は細くなり截頭形で角は丸みをもつ。後端はややねじれ幅の広い丸みをもった截頭形で、細くて短い刺状突起が傾いて伸びる。周皮には縦に走る条線があり、円板状のパラミロンが2個ある。細胞の径 24−26 μm 、長さ 28−30 μm

5.　*Phacus hameli* ALLORGE & LEFEVRE　　　　　　　（ Plate 25　Figs. 7−9 ）

　細胞は細長い卵型ないしは長楕円形で、中央より下部の方の幅が広くなっている。背面の中央には縦に走る隆起線がある。前端は少し細くなり円頭形。後端は次第に細くなるが左右不相称。

刺状突起はやや曲がっている。周皮には縦に走る条線があり、円板状のパラミロンが 1～2 個ある。

細胞の径 12－20 μm 、長さ 25－37 μm、刺状突起の長さ 4－6 μm

6. *Phacus helikoides* POCHMANN （ Plate 26　Figs. 1－4 ）

　細胞は幅の広い紡錘形で全体が強くねじれ、側面観では 4～5 枚の斜めにねじれたひだ状に見える。前端は細くなり円頭形であるが、側面観では中央部は 2 枚の盛り上がったひだ状になっている。後端は細くなり、ねじれた長い刺状突起がまっすぐに伸びている。周皮には螺旋状に走る条線があり、大きな円板状のパラミロンが 1 個ある。

細胞の径 39－54 μm 、刺状突起をふくめた長さ 70－120 μm

7. *Phacus longicauda* （EHRENBERG） DUJARDIN var.*insecta* KOCZWARA
（ Plate 27　Figs. 7 ）

　細胞は扁平で幅の広い卵形ないし楕円形で左右不相称。前端は広円形で、後端は次第に細くなり、長い刺状突起が伸びている。側縁は広円形であるが、両側の中央に 1 個の凹みがある。周皮には縦に走る条線があり、大きな円板状または環状のパラミロンが 1 個ある。

細胞の径 35－40 μm 、突起を除いた長さ 45－55（－70） μm 、刺状突起の長さ 40－65 μm

8. *Phacus longicauda* （EHRENBERG） DUJARDIN var.*major* SWIRENKO
（ Plate 27　Figs. 1－4 ）

　細胞は扁平で幅の広い卵形ないし楕円形で、ほぼ左右相称。前端は広円形で、後端は次第に細くなり、長い刺状突起が伸びている。周皮には縦に走る条線があり、大きな円板状または環状のパラミロンが 1 個ある。　細胞の径 40－65 μm 、突起を除いた長さ 53－65（－90） μm 、刺状突起を含めた長さ （140－）170－188 μm

9. *Phacus longicauda* （EHRENBERG） DUJARDIN var.*rotunda* （POCHMANN）
HUBER-PESTALOZZI （ Plate 27　Figs. 5－6 ）

　細胞は幅の広い倒卵形で左右不相称。前端は広円形で、背溝の部分はやや凹んで二つにわかれ片方が突き出している。後端は次第に細くなり、その先からほぼまっすぐな長い刺状突起が伸びている。周皮には縦に走る条線があり、円板状または環状の大きなパラミロンが 1 個ある。

　細胞の径 34－40（－46） μm 、突起を除いた長さ 50－55（－70） μm 、刺状突起の長さ 30－35（－40） μm

10. *Phacus nordstedtii* LEMMERMANN （ Plate 28　Figs. 9－12 ）

　細胞はやや四角ばった卵型またはやや偏圧した球形。前端の中央部はほぼ平らで、後端はやや細くなるが円頭状で、長くて細い刺状突起が伸びている。周皮には螺旋状に走る太い条線があり、条線は盛り上がって畝状になっている。大きな 2 個の皿状のパラミロンがあり、周皮に沿って湾曲して両側に並んでいる。

細胞の径（18−）22−27 μm 、長さ（16−）24−29 μm、刺状突起の長さ（10−）15−19 μm

11. *Phacus obolus* POCHMANN （Plate 25　Figs. 16−17）

　細胞は幅の広い楕円形。前端はわずかに細くなり円頭形。後端は幅の広い円頭形で、刺状突起がある。周皮には縦に走る条線があり、円板状の大小のパラミロンが2個ある。

細胞の径 20−24 μm 、長さ 28−32 μm、刺状突起の長さ 7−9 μm

12. *Phacus pleuronectes* (O.F. MÜLLER) DUJARDIN （Plate 25　Figs. 13）

　細胞は円形に近い卵型。前端は細くなり円頭形。後端は幅の広い円頭形で、短くて細い刺状突起が斜めに伸びている。周皮には縦に走る条線があり、円板状または環状のパラミロンが2個ある。細胞の径（30−）35−50 μm 、長さ 40−55 μm、刺状突起の長さ 5−10 μm

13. *Phacus pyrum* (EHRENBERG) STEIN （Plate 28　Figs. 1−8）

　細胞は幅の広い紡錘形。前端は円頭形で、後端は円錐状に細くなり長い刺状突起が伸びている。周皮には、螺旋状に走る条線があり、盛り上がって畝状になっている。大きな皿状のパラミロンが2個あり、周皮に沿って湾曲して両側に並んでいる。

細胞の径 12−21（−27） μm 、長さ 28−51 μm、刺状突起の長さ 17−20 μm

14. *Phacus trapezoides* STAWINSKI （Plate 25　Figs. 3−4）

　細胞は角の丸い台形で、背面に低い隆起線がある。前端は細くなり円頭形。後端は前端より幅が広く截頭形で、湾曲した短い刺状突起がある。周皮には縦に走る条線があり、パラミロンは2個で円板状または環状。

細胞の径は後端で 20−23 μm 、長さ 24−27 μm、刺状突起の長さ 6−8 μm

15. *Phacus triqueter* (EHRENBERG) DUJARDIN （Plate 26　Figs. 5−8）

　細胞は左右がやや不相称の幅の広い卵型。背面には隆起線があり断面は三角形に見える。前端は丸く、後端は次第に細くなっていき左右不相称。やや湾曲した細くて長い刺状突起がある。周皮には縦に走る条線があり、環状のパラミロンが2個ないし多数ある。

細胞の径 30−45 μm 、長さ 37−68 μm、刺状突起の長さ 13−18 μm

16. *Phacus trypanon* POCHMANN （Plate 28　Figs. 13−14）

　細胞は幅の広い楕円形。前端はやや細くなり円頭形または平らになっている。後端は円頭形でその先は円錐状に細く突出し、細くて長い刺状突起がある。周皮には螺旋状に走る条線があり、この条線のために側縁が波打っているように見える。大きな皿状の2個のパラミロンが、周皮に沿って湾曲して両側に並んでいる。

細胞の径 17−20 μm 、突起を除いた長さ 22−30 μm、刺状突起の長さ 9−12 μm

17. *Phacus unguis* POCHMANN （ Plate 25　Figs. 14－15 ）

　細胞は卵型。前端はわずかに細くなり円頭形。後端は幅の広い円形で、短くて湾曲した刺状突起がある。側縁には 2～3 の膨らみがある。周皮には縦に走る条線があり、円板状のパラミロンが 1～2 個。

細胞の径 22－26 μm 、突起を除く長さ（ 28－）30－35 μm、刺状突起の長さ 2－4 μm

ストロンボモナス属　*Strombomonas*

　単細胞性で 1 本の鞭毛をもち遊泳性。細胞の本体は卵型や楕円形で、周りにつぼ型の被殻をもっている。被殻は先端に行くにつれて徳利状にすぼまり襟のようになっていて、襟状部の縁は斜めに切れているものもある。後端は円錐状に細くなり先に刺状の突起があるが、ないものもある。葉緑体は多数で、薄板状や円盤状で、多数の粒状のパラミロンがある。

　白幡沼では、次の 7 種類が観察された。

1. *Strombomonas costata* DEFLANDRE （ Plate 29　Figs. 5－7 ）

　被殻は長楕円形。前端は次第に細くなっていき、円筒形の襟状部で終わっている。襟状部のふちは不規則でやや傾く。側縁はわずかに膨らむ。後端も次第に細くなっていき、細長い円錐状の刺状突起がある。被殻の表面にはまばらに縦のしわがある。

被殻の径 25－29 μm 、襟状部分と突起をふくめた長さ 59－63（－70）μm

2. *Strombomonas deflandrei* (ROLL) DEFLANDRE （ Plate 29　Figs. 1－4 ）

　被殻は幅の広い楕円形から卵形。前端は短い円筒形の襟状になっていて、襟状部の縁は不規則な形をしている。後端は広円形で短い円錐状の突起がある。被殻の表面には細かいしわ模様がある。被殻の径 23－26 μm 、襟状部分と突起をふくめた長さ 39－41（－47）μm

3. *Strombomonas girardiana* (PLAYFAIR) DEFLANDRE （ Plate 30　Figs. 3－4 ）

　被殻はほぼ六角形。前端にはわずかに広がった口部をもつ円筒形の襟状部がある。後端は角ばっていて、細長くてまっすぐかわずかに曲がった刺状突起がある。被殻の表面にはいぼ状の突起があって不規則な細かい縞模様に見える。

被殻の径 22－26（－38）μm 、襟状部分と突起をふくめた長さ 38－57（－80）μm

4. *Strombomonas maxima* (SKVORTZOV) DEFLANDRE （ Plate 30　Figs. 5－6 ）

　被殻は大きな紡錘形。前端は円錐状に細くなり、円筒形の襟状部で終わっている。襟状部の縁は不規則でやや傾いている。後端も次第に細くなっていき、先には細長い刺状突起がある。被殻の表面には不規則に縦に走るしわが何本かある。

被殻の径（ 30－）34－45 μm 、襟状部分と突起をふくめた長さ 84－110 μm

5. *Strombomonas urceolata* (STOKES) DEFLANDRE var.*hyalina* (SWIRENKO)
POPOVA （ Plate 30　Figs. 1−2 ）

被殻は幅の広い楕円形。前端は円錐状に細くなっていき、不規則な切り口をもった襟状部で終わっている。後端は急に細くなり円頭形で、短くてまっすぐな刺状突起がある。

被殻の径 28−32 μm 、襟状部分と突起をふくめた長さ 65−75 μm

6. *Strombomonas verrucosa* (DADY) DEFLANDRE var. *zmiewika* (SWIRENKO)
DEFLANDRE （ Plate 29　Figs. 10−13 ）

被殻は、幅の広いやや角ばった楕円形。前端は円頭形で、切り口が斜めの襟状部がある。後端は円錐状に細くなり突起となって終わっている。被殻の表面には不規則ないぼ状の突起がある。

被殻の径 20−27 μm 、襟状部分と突起をふくめた長さ 35−50 μm

7. *Strombomonas* sp. （ Plate 29　Figs. 8−9 ）

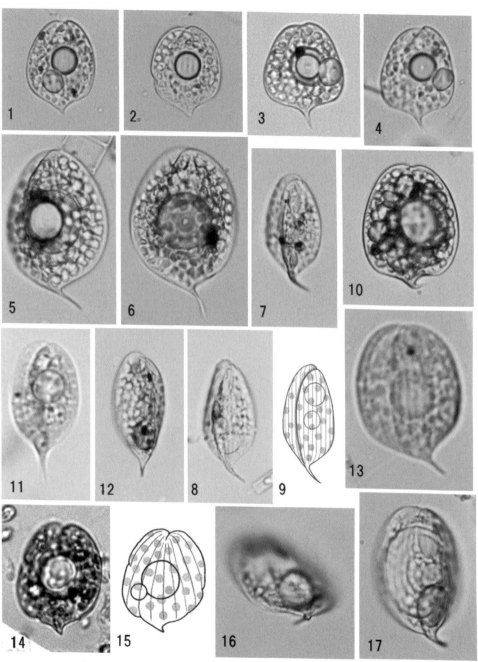

Plate 25　　Phacus　(Figs. 1〜17.　×1000)

1〜2.　*Phacus acuminatus* var. *acuminatus* (p. 52)　　　3〜4.　*P. trapezoides* (p. 54)
5〜6.　*P. acuminatus* var. *megaparamylica* (p. 52)　　　7〜9.　*P. hameli* (p. 52)
10.　*P. curvicauda* (p. 52)　　　11〜12.　*P. ankylonoton* (p. 52)（12： 側面観）
13.　*P. pleuronectes* (p. 54)　　　14〜15.　*P. unguis* (p. 55)
16〜17.　*P. obolus* (p. 54)　（16： 底面観）

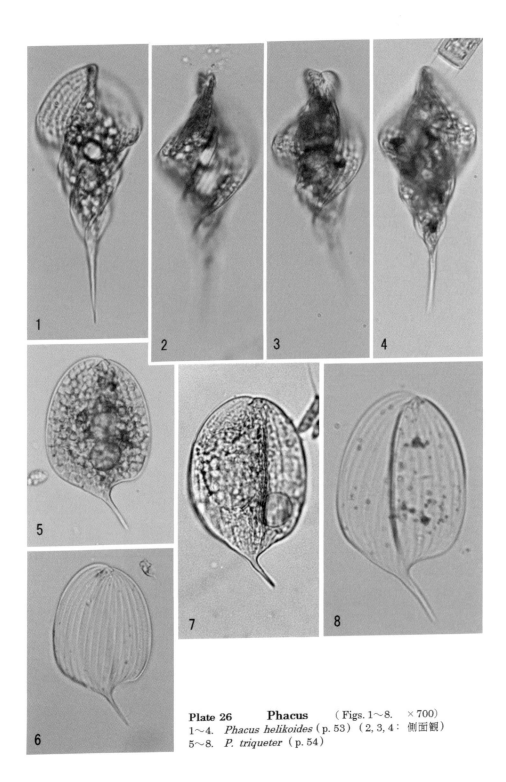

Plate 26　　Phacus　　(Figs. 1〜8.　×700)
1〜4.　*Phacus helikoides* (p. 53) (2, 3, 4：側面観)
5〜8.　*P. triqueter* (p. 54)

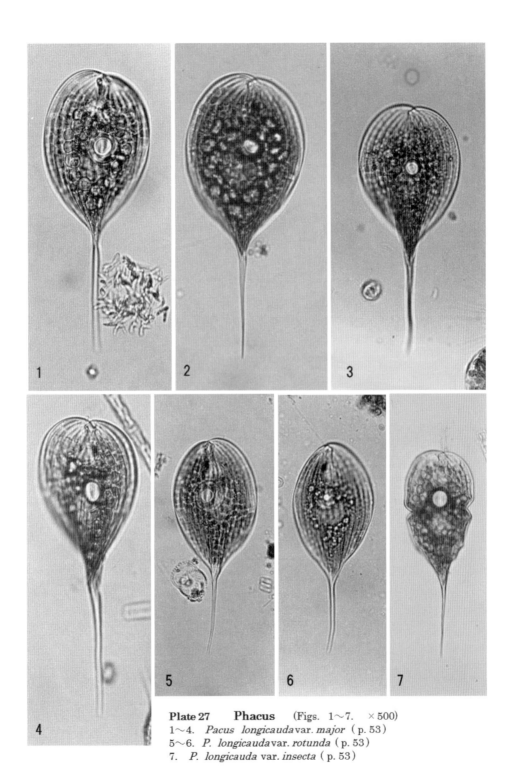

Plate 27   Phacus   (Figs. 1〜7. ×500)
1〜4. Pacus longicauda var. major (p. 53)
5〜6. P. longicauda var. rotunda (p. 53)
7.   P. longicauda var. insecta (p. 53)

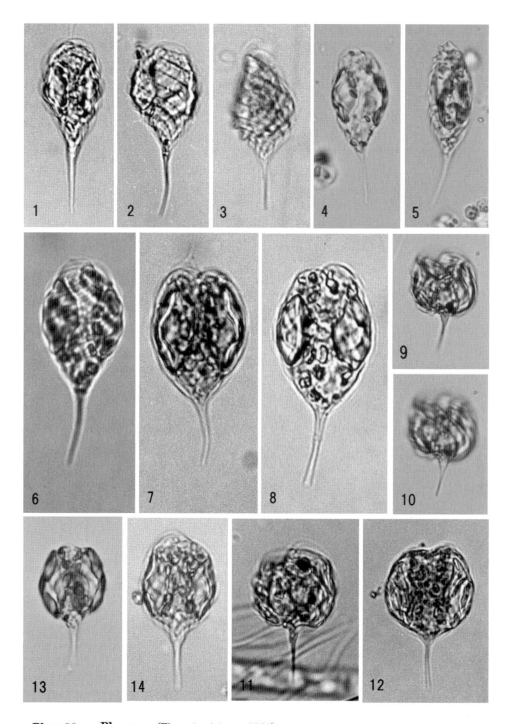

Plate 28　Phacus　(Figs. 1〜14.　×1000)
1〜8.　*Phacus pyrum*（p. 54）（5：側面観）　　9〜12.　*P. nordstedtii*（p. 53）
13〜14.　*P. trypanon*（p. 54）

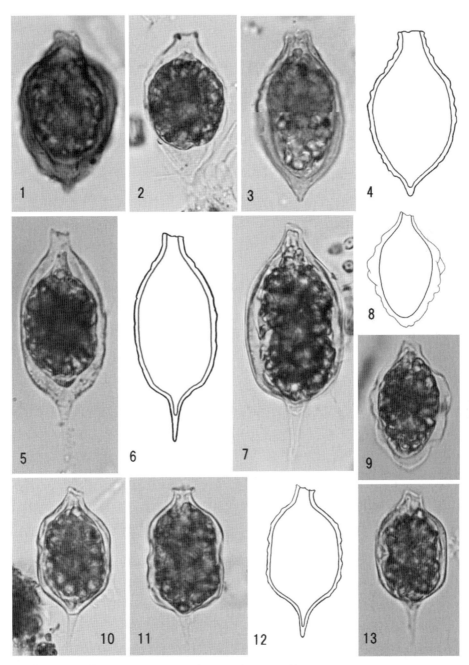

Plate 29　Strombomonas　(Figs. 1〜13.　×1000)
1〜4.　*Strombomonas deflandrei* (p. 55)　　5〜7.　*S. costata* (p. 55)
8〜9.　*S.* sp. (p. 56)　　　　　　　　　　10〜13.　*S. verrucosa* var. *zmiewika* (p. 56)

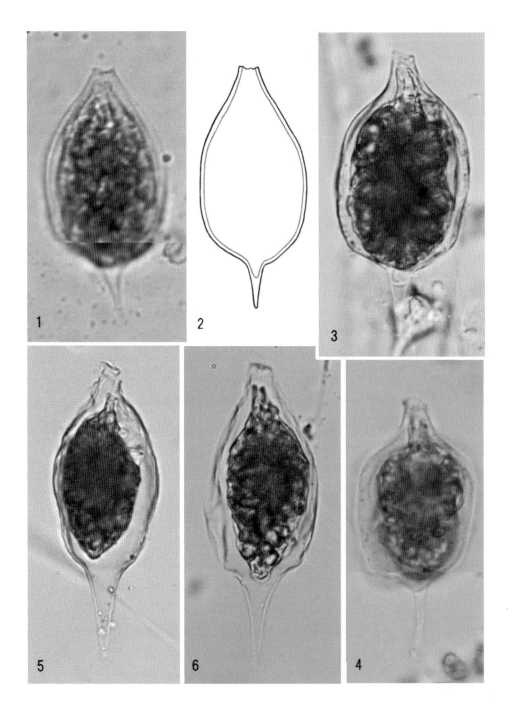

Plate 30　Strombomonas　(Figs.1〜6.　×1000)
1〜2.　*Strombomonas urceolata* var. *hyalina* (p. 56)　　3〜4.　*S. girardiana* (p. 55)
5〜6.　*S. maxima* (p. 55)

トラケロモナス属　*Trachelomonas*

　単細胞性で 1 本の鞭毛をもち遊泳性。細胞の周りに褐色の被殻をもっている。被殻は円筒形、楕円形、紡錘形などで、上端に鞭毛口があり、その上に円筒状の襟状部をもつものともたないものとがある。被殻の表面は平滑なもののほか、短い刺状突起や細点模様などがあるものもある。

　細胞の本体は卵型や楕円形で、葉緑体は多数で薄板状や円盤状。ピレノイドはないものもある。多数の円盤状や棒状のパラミロンがある。被殻の形状によって分類されているが、200 以上の種が記載されている。

　白幡沼では、次の 38 種類が観察された。

1. *Trachelomonas abrupta* SWIRNKO var.*abrupta*　　　　（ Plate 31　Figs. 1−2 ）

　被殻は円柱形で上下端は広円形。側縁はほぼ平行。鞭毛口の縁には襟状部はない。被殻の表面には細かい刺状突起が密生している。被殻の径 15−19 μm 、長さ 22−30 μm

2. *Trachelomonas abrupta* SWIRNKO var.*minor* DEFLANDRE

（ Plate 31　Figs. 3−4 ）

　被殻は細長い楕円形で両端は広円形。側縁はほぼまっすぐで平行。鞭毛口の縁には襟状部はない。被殻の表面には細かい刺状突起が密生している。被殻の径 9−12 μm 、長さ 16−20 μm

3. *Trachelomonas acanthostoma* STOKES var.*acanthostoma*

（ Plate 31　Figs. 5−7 ）

　被殻はほぼ球形ないしは広楕円形で、前後端はともに広円頭形。側縁はやや膨らむ。鞭毛口の縁には襟状部はないが、不規則に並んだ短い刺状突起で囲まれている。被殻の表面には細かい細点模様が密にある。被殻の径 22−28 μm 、長さ 26−37 μm

4. *Trachelomonas acanthostoma* STOKES var.*minor* DREZEPOLSKI

（ Plate 31　Figs. 8 ）

　被殻はほぼ球形ないしは広楕円形で、前後端はともに広円頭形。側縁は膨らむ。鞭毛口の縁には襟状部はないが、不規則に並んだ短い刺状突起で囲まれている。被殻の表面には細かい細点模様がある。被殻の径 14−20 μm 、長さ 17−21 μm

5. *Trachelomonas allia* DREZEPOLSKI　　　　　　　（ Plate 31　Figs. 14 ）

　被殻は両端が丸みをおびた円筒形。側縁はやや膨らんでいる。鞭毛口の縁には襟状部はない。被殻の表面には多数の細点があるがさらに太くて短い刺状突起が密生している。
被殻の径 19−22（−28 ） μm 、長さ 30−35 μm

6. *Trachelomonas armata* (EHRENBERG) STEIN　　　（ Plate 31　Figs. 9−12 ）

　被殻は幅の広い楕円形または卵型。前端はやや細くなり、後端は広円頭形。鞭毛口の縁には襟状部はない。被殻の表面には細点模様があり、後端には長くて太い刺状突起が散在している。

被殻の径（20−）22−29 μm 、長さ 29−37 μm

7. *Trachelomonas australica* (Playfair) Deflandre var.*rectangularis*

Deflandre　　　　　　　　　　　　　　　　　　　　　　（ Plate 31　Figs. 18−19 ）

　被殻は円柱形で側縁はほぼまっすぐ。上下端は広頭形だが、やや角ばって見える。鞭毛口の縁
には襟状部はないが、刺状突起がとりまいている。被殻の表面には、短くて細かい刺状突起が密
生している。被殻の径 18−20 μm 、長さ 31−36 μm

8. *Trachelomonas bacillifera* Playfair var.*minima* Playfair

　　　　　　　　　　　　　　　　　　　　　　　　　　（ Plate 31　Figs. 20 ）

　被殻は楕円形で、両端は円頭形。側縁も円頭形。鞭毛口の縁には襟状部はない。被殻の表面に
は刺状突起が密生している。被殻の径 18−20 μm 、長さ 22−28 μm

9. *Trachelomonas cervicula* Stokes　　　　　　　　　　（ Plate 31　Figs. 13 ）

　被殻は球形ないしほぼ球形。鞭毛口の縁は肥厚しているが、円筒状の襟状部が被殻の内部に伸
びているものもある。被殻の表面は平滑。被殻の径 16−28 μm 、長さ 16−29 μm

10. *Trachelomonas cordata* (Drezepolski) Deflandre　（ Plate 31　Figs. 15−17 ）

　被殻は心臓型。前端は広い円頭形で、後端はやや突出している。鞭毛口の縁には丈の短い襟状
部がある。被殻の表面は平滑。被殻の径（11−）13−15 μm 、長さ 13−17 μm

11. *Trachelomonas granulosa* Playfair　　　　　　　　（ Plate 33　Figs. 9 ）

　被殻は幅の広い卵型ないしほぼ球形。前端、後端は広円頭形で側縁はやや膨らむ。鞭毛口の縁
には襟状部はないが、厚くなっている。低い襟状部をもつものもある。被殻の表面に細い顆粒が
密に分布している。被殻の径 18−20 μm 、長さ 21−23 μm

12. *Trachelomonas guttata* Middelhoek　　　　　　　（ Plate 32　Figs. 13−15 ）

　被殻は幅の広い楕円形。前端はやや角ばった円頭形。後端はやや細くなった円頭形で、中央が
小さく突出して乳頭状の突起をもつものもある。鞭毛口の縁には襟状部はない。被殻の表面に細
かな孔が散在している。被殻の径 18−22 μm 、長さ 23−29 μm

13. *Trachelomonas hispida* (Perty) Stein var.*acuminata* Deflandre

　　　　　　　　　　　　　　　　　　　　　　　　（ Plate 32　Figs. 11−12 ）

　被殻は幅の広い楕円形または卵型。前端は幅の広い円頭形で、後端は細くなり円錐状に小さく
突出している。鞭毛口の縁には襟状部はない。被殻の表面には細点模様があり、短い刺状突起が
まばらに散在する。被殻の径（17−）20−25 μm 、長さ（24−）27−30 μm

14. *Trachelomonas hispida* (Perty) Stein var.*coronata* Lemmermann

　　　　　　　　　　　　　　　　　　　　　　　　（ Plate 32　Figs. 9−10 ）

　被殻は細長い卵型ないしは楕円形。上下端は広円形。側縁はほぼ平行。鞭毛口の縁には襟状部

はないが、刺状突起がとりまいている。被殻の表面には刺状突起が密生している。

被殻の径 22－26 μm 、長さ 30－37 μm

15. *Trachelomonas intermedia* DANGEARD var.*intermedia*

（ Plate 32　Figs. 1－5 ）

　被殻は幅の広い楕円形で両端は丸い。鞭毛口の縁には襟状部はない。被殻の表面には細点模様が密にある。様々な大きさのものが報告されている。

被殻の径 15－17 μm 、長さ（17－）19－22 μm

16. *Trachelomonas intermedia* DANGEARD var.*papillifera* (POPOVA) POPOVA

（ Plate 32　Figs. 6－8 ）

　被殻は幅の広い楕円形で、両端は丸い。側縁はやや膨らむ。鞭毛口の縁には襟状部はないが、周りを細かな刺がとりまいている。被殻の表面には細点模様がある。

被殻の径 15－17 μm 、長さ（18－）21－22 μm

17. *Trachelomonas lacustris* DREZEPOLSKI　　　（ Plate 32　Figs. 19－20 ）

　被殻は細長い楕円形で、両端は広円形。側縁はほぼまっすぐで平行。鞭毛口の縁には襟状部はないが、肥厚して盛り上がっているものもある。被殻の表面には細点模様がある。

被殻の径 12－15 μm 、長さ 25－30 μm

18. *Trachelomonas lefevrei* DEFLANDRE　　　（ Plate 32　Figs. 16－18 ）

　被殻は幅の広い楕円形で、両端とも円頭形。側縁はやや膨らんでいる。鞭毛口の縁には、丈の短い円筒状の襟状部がある。被殻の表面には細点が密に分布している。

被殻の径（18－）22－24 μm 、長さ 26－30 μm

19. *Trachelomonas nova* DREZEPOLSKI　　　　　（ Plate 32　Figs. 21 ）

　被殻は卵形で、両端とも円頭形だが、後端はやや円錐状に細くなっている。鞭毛口の縁に低い襟状部をもつものともたないものがある。鞭毛口の周りには短く尖った刺状突起が並んでいる。被殻の表面には細点模様があり、短い刺状突起が散在している。

被殻の径 20－23 μm 、長さ 23－25 μm

20. *Trachelomonas oblonga* LEMMERMANN var.*oblonga*　（ Plate 33　Figs. 1－4 ）

　被殻は楕円形。両端とも円頭形。側縁はやや膨らむ。鞭毛口の縁には襟状部はない。被殻の表面は滑らか。被殻の径 9－14（－17）μm 、長さ 12－19 μm

21. *Trachelomonas oblonga* LEMMERMANN var.*truncata* LEMMERMANN

（ Plate 33　Figs. 5 ）

　被殻はわずかに膨らんだ円筒状の楕円形。両端は角ばった円頭形。鞭毛口の縁には襟状部はない。被殻の表面は滑らか。被殻の径 9－11 μm 、長さ 12－17 μm

22. *Trachelomonas ovalis* PLAYFAIR （ Plate 33　Figs. 6 ）

被殻は幅広い楕円形ないし円筒形。両端は広い円頭形で、側縁はほぼまっすぐ。鞭毛口の縁には襟状部はない。被殻は透明で表面は平滑。

被殻の径（ 16-）20-23 μm 、長さ（ 22-）28-30 μm

23. *Trachelomonas planctonica* SWIRENKO var.*planctonica*

（ Plate 33　Figs. 7-8 ）

被殻はほぼ球形～広卵円形。両端は広円形。側縁はわずかに膨らむ。鞭毛口の縁には短くて太い円筒状の襟状部があり、縁には歯状突起がある。被殻の表面には細点が密にある。

被殻の径 17-22 μm 、長さ 19-30 μm、襟状部の高さ 3-5 μm

24. *Trachelomonas planctonica* SWIRENKO var.*oblonga* DREZEPOLSKI

（ Plate 33　Figs. 10-13 ）

被殻はわずかに膨らんだ円筒形ないし幅の広い楕円形。両端は広円形。側縁はほぼまっすぐ。鞭毛口の縁には、円筒形で不規則な縁をもつ襟状部がある。被殻の表面には細点が密にある。

被殻の径 17-20 μm 、長さ 21-28 μm、襟状部の高さ 3-4 μm

25. *Trachelomonas playfairi* DEFLANDRE （ Plate 33　Figs. 14 ）

被殻は広楕円形で、両端は丸い。側縁はやや膨らんでいる。鞭毛口の縁には円筒状でやや湾曲した襟状部がある。被殻の表面は平滑。

被殻の径 15-17 μm 、長さ 18-24 μm、襟状部の高さ約 3 μm

26. *Trachelomonas pseudobulla* SWIRENKO var.*pseudobulla*

（ Plate 33　Figs. 15-17 ）

被殻は幅の広い楕円形ないし卵型。両端は円頭形であるが、前端の方がやや細くなっている。鞭毛口には円筒状の襟状部がある。この襟状部は、基部よりも上部の方がすぼまっていて、少し傾いている。被殻の表面は平滑または細点がある。

被殻の径 16-17 μm 、長さ 20-21 μm、襟状部分の高さ 4-5 μm

27. *Trachelomonas pseudobulla* SWIRENKO var.*bulloides* BALECH
　　 & DASTUGUE （ Plate 33　Figs. 18-19 ）

被殻は幅の広い楕円形。前端の方がやや細くなった円頭形で、後端はやや円錐状に突き出した円頭形。鞭毛口の縁には円筒状の襟状部がある。この襟状部は、基部よりも上部の方がすぼまっていて、少し傾いている。被殻の表面は平滑または細点がある。

被殻の径 16-17 μm 、長さ 20-21 μm、襟状部分の高さ 3-4 μm

28. *Trachelomonas pusilla* PLAYFAIR （ Plate 33　Figs. 20-23 ）

被殻は心臓形で、前端の方が丸く後端は少し突き出している。鞭毛口の縁には襟状部はないが、

周りが厚くなっている。被殻の表面は平滑。被殻の径 11−12 μm 、長さ 12−14 μm

29.　*Trachelomonas raciborskii* WOLOSZYNSKA var.*incerta* DREZEPOLSKI

(Plate 34　Figs. 1−3)

　被殻は幅の広い楕円形で、両端は円頭形。鞭毛口の縁には襟状部はない。被殻の表面には密な細点模様があり、両端には短い刺状突起が散在する。被殻の径 19−23 μm 、長さ 26−30 μm

30.　*Trachelomonas rasumowskoensis* DOLGOFF　　　(Plate 35　Figs. 1)

　被殻は球形で無色。鞭毛口の縁には長い襟状部がある。被殻はほとんど無色で表面には、ほぼまっすぐかまたは波状に曲がった 3〜7 本の長い刺状の突起がある。

被殻の径 18−21 μm 、襟状部は径 4.5−5.5 μm、長さ 7−9 μm、刺状突起の長さ 25−37 μm

31.　*Trachelomonas robusta* SWIRENKO　　　　　(Plate 34　Figs. 15−17)

　被殻はほぼ球形ないし広楕円形で両端は丸い。鞭毛口の縁には襟状部はない。被殻の表面には短い刺状突起が密生している。被殻の径 17−22 μm、長さ 20−26 μm

32.　*Trachelomonas sculpta* BALECH　　　　　　　(Plate 34　Figs. 4−6)

　被殻は球形。鞭毛口の縁には襟状部はないが、厚くなっている。被殻の表面には多角形の凹みが密にある。被殻の径 20−21 μm

33.　*Trachelomonas stokesiana* PALMER　　　　　　(Plate 34　Figs. 7−8)

　被殻はほぼ球形。長さは直径よりもやや長い。鞭毛口の縁には低い襟状部があるが、前端のやや凹んだ部分にある。被殻の表面には脈状の隆起線が縦に走っている。被殻の径 15−18 μm

34.　*Trachelomonas stokesii* DREZEPOLSKII　　　　(Plate 34　Figs. 9−10)

　被殻は幅の広い楕円形で、両端は円頭形だが後端はわずかに細くなり、側縁はやや膨らむ。鞭毛口の縁には襟状部はない。被殻の表面には細孔模様がある。

被殻の径 18−22 μm 、長さ 20−25 μm

35.　*Trachelomonas sydneyensis* PLAYFAIR var.*minima* PLAYFAIR

(Plate 34　Figs. 18−21)

　被殻は長楕円形で、両端は円頭形。側縁はやや膨らむ。鞭毛口の縁には短い円筒状の襟状部があり、縁には細かい刺状突起が並んでいる。被殻の表面にも刺状突起が分布している。

被殻の径（17−）21−24 μm 、長さ 26−28 μm

36.　*Trachelomonas volvocina* EHRENBERG　　　(Plate 34　Figs. 11−14)

　被殻は球形で黄色ないしは褐色。鞭毛口の縁には襟状部はないが、厚くなっているものが多い。

被殻の表面は滑らか。被殻の径 8−15 μm 、長さ 8−16 μm

37.　*Trachelomonas* sp.1　　　　　　　　　　　　(Plate 35　Figs. 2−3)

38.　*Trachelomonas* sp.2　　　　　　　　　　　　(Plate 35　Figs.4)

ペタロモナス科　Petalomonadaceae

単細胞性で1本か2本の鞭毛をもち遊泳性。多くは葉緑体のない腐生栄養性である。

ノトソレヌス属　*Notosolenus*

単細胞で、2本の鞭毛をもち遊泳性。1本は長く前方に伸び、1本は短い曳航鞭毛で後方に伸びる。細胞は卵形や紡錘形で著しく扁平。背面は凸面で腹面は凹面のものもあり、腹面や背面には1本ないし数本の縦に走る竜骨縁があり、それらの間は溝になっている。葉緑体はない。

1.　*Notosolenus chelonides* SKUJA　　　　　　　　　　（ Plate 23　Figs. 7−8 ）

細胞は卵形で、前端は細くなり突き出している。細胞内にはパラミロン粒や多数の顆粒がある。細胞の径 19−28 μm 、長さ 27−35 μm

ペタロモナス属　*Petalomonas*

単細胞で、前端に1本の鞭毛があり遊泳生活をする。細胞の多くは著しく扁平で、背腹性のあるものが多い。細胞の周りには6ないし8本の縦に走る竜骨縁がある。葉緑体はなく透明。

1.　*Petalomonas praegnans* SKUJA　　　　　　　　　　（ Plate 23　Figs. 9−14 ）

細胞は紡錘形で、前端は丸く後端は円錐形。竜骨縁はゆるくねじれている。細胞内には大小多数のパラミロン粒がある。細胞の径 (5−) 20−30 μm 、長さ 21−51 μm

コラキウム目 Colaciales

群体性で鞭毛のない付着生活と、単細胞性で遊泳生活をする二つの生活相がある。遊泳生活をする細胞は1本の鞭毛をもち、形はエウグレナ属 *Euglena*（ p. 27 ）のものと似ている。

コラキウム科　Colaciaceae

群体性、付着性

コラキウム属　*Colacium*

群体で鞭毛がなくミジンコなどに付着する時（ 付着相 ）と、単細胞で1本の鞭毛で遊泳する時（ 遊泳相 ）がある。細胞は円筒形や楕円形で両端は丸い。眼点や収縮胞があり、葉緑体は薄板状 でピレノイドがある。構造はエウグレナ属とほぼ同じである。細い糸で寄主とつながっている。無性生殖は付着相の細胞の二分裂による。分裂を繰り返しているうちに樹枝状の群体が形成される。

1.　*Colacium elongatum* PLAYFAIR　　　　　　　　　　（ Plate 35　Figs. 5−8 ）

細胞は細長い楕円形。白幡沼ではミジンコやワムシに付着するものが観察された。細胞の径 8−16 μm 、長さ 22−30 μm

2.　*Colacium* sp.　　　　　　　　　　　　　　　　　　（ Plate 35　Figs. 9 ）

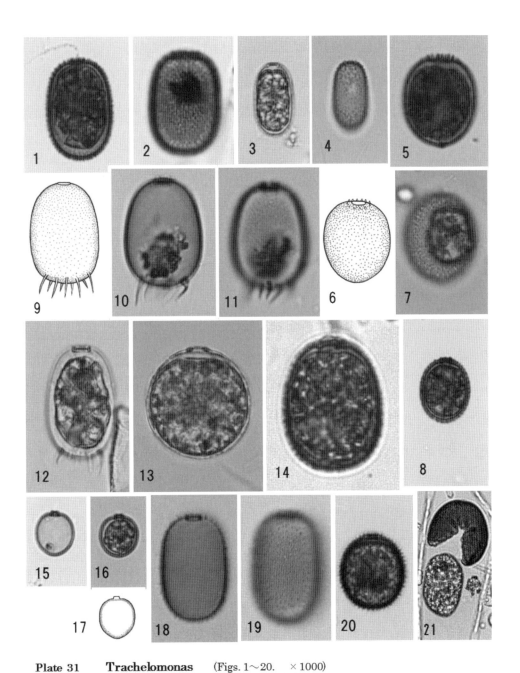

Plate 31　　Trachelomonas　　(Figs. 1〜20.　×1000)
1〜2.　*Trachelomonas abrupta* var. *abrupta*（p.63）
3〜4.　*T. abrupta* var. *minor*（p.63）
5〜7.　*T. acanthostoma* var. *acanthostoma*（p.63）
8.　　 *T. acanthostoma* var. *minor*（p.63）　　9〜12.　*T. armata*（p.63）
13.　*T. cervicula*（p.64）　　14.　*T. allia*（p.63）　　15〜17.　*T. cordata*（p.64）
18〜19　*T. australica* var. *rectangularis*（p.64）　　20.　*T. bacillifera* var. *minima*（p.64）
(21.　被殻を割ると赤い眼点のある黄緑色の細胞が出てくる)

69

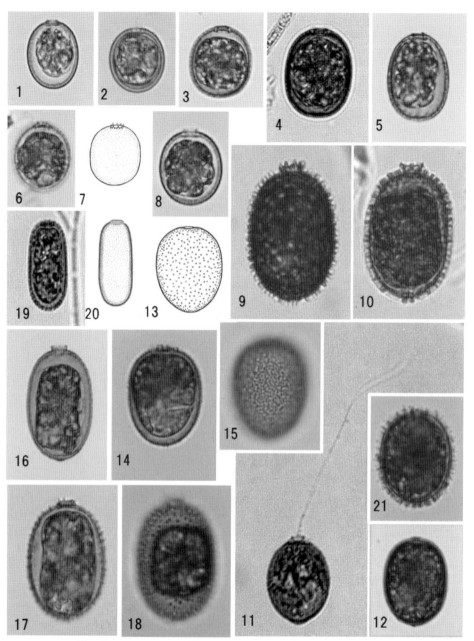

Plate 32 Trachelomonas (Figs. 1∼21. ×1000)
1∼5. *Trachelomonas intermedia* var. *intermedia* (p. 65)
6∼8. *T. intermedia* var. *papillifera* (p. 65)
9∼10. *T. hispida* var. *coronata* (p. 64)   11∼12. *T. hispida* var. *acuminata* (p. 64)
13∼15. *T. guttata* (p. 64)   16∼18. *T. lefevrei* (p. 65)
19∼20. *T. lacustris* (p. 65)   21. *T. nova* (p. 65)

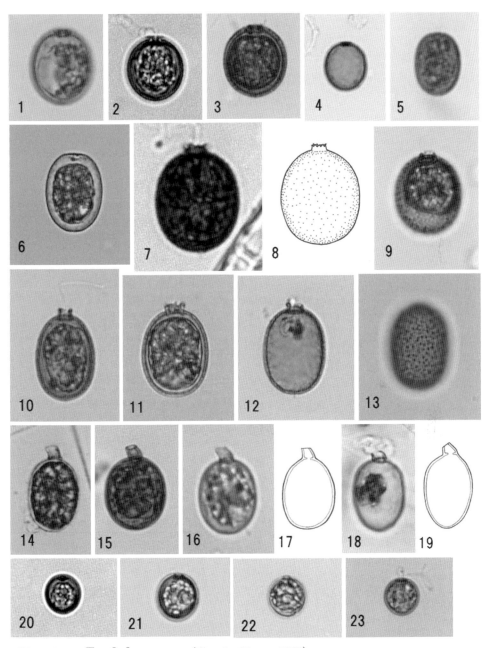

Plate 33　Trachelomonas　(Figs. 1~23.　×1000)
1~4.　*Trachelomonas oblonga* var. *oblonga* (p. 65)
5.　　*T. oblonga* var. *truncata* (p. 65)
7~8.　*T. planctonica* var. *planctonica* (p. 66)
10~13.　*T. planctonica* var. *oblonga* (p. 66)
15~17.　*T. pseudobulla* var. *pseudobulla* (p. 66)
18~19.　*T. pseudobulla* var. *bulloides* (p. 66)

6.　*T. ovalis* (p. 66)
9.　*T. granulosa* (p. 64)
14.　*T. playfairi* (p. 66)

20~23.　*T. pusilla* (p. 66)

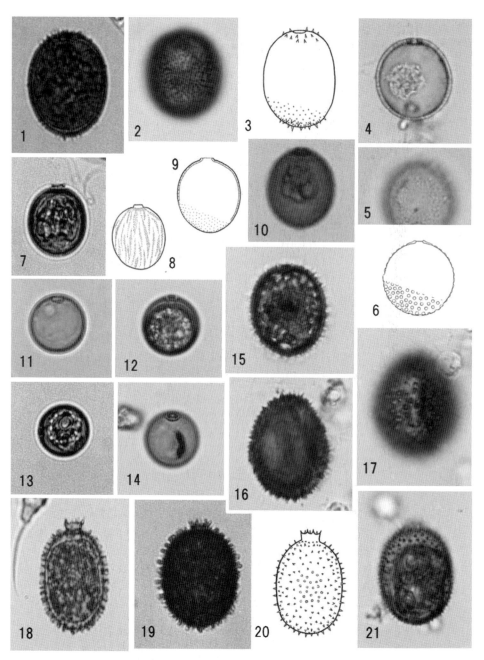

Plate 34   Trachelomonas   (Figs. 1〜21.   ×1000)
1〜3. *Trachelomonas raciborskii* var. *incerta* (p. 67)   4〜6. *T. sculpta* (p. 67)
7〜8. *T. stokesiana* (p. 67)   9〜10. *T. stokesii* (p. 67)
11〜14. *T. volvocina* (p. 67) (13: 頂面観)   15〜17. *T. robusta* (p. 67)
18〜21. *T. sydneyensis* var. *minima* (p. 67)

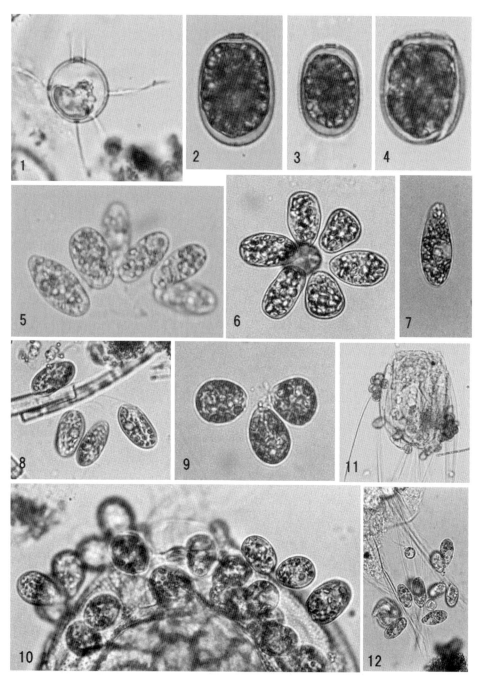

Plate 35　Trachelomonas　Colacium
(Figs. 1〜4.　×1000　　5〜10.　×700)
1. *Trachelomonas rasumowskoensis* (p. 67)　　　2〜3.　*T.* sp.1 (p. 67)
4. *T.* sp.2 (p. 67)　　　　　　　5〜8.　*Colacium elongatum* (p. 68)
9. *C.* sp. (p. 68)　　　　　　(10〜12; 動物プランクトンに着生する*Colacium*)

6. 緑藻類 Chlorophyceae

緑藻類はきわめて種類が多く、池沼、ため池、湖水、水田、湿原の池沼などいたるところに、いろいろな種が生育している。土壌藻や気生藻として知られているものもある。単細胞性、群体性、定数群体性、糸状体性、葉状など体制も様々で、淡水藻類全体に見られるほとんどすべての体制が見られ、細胞や群体の周りを粘質鞘で包まれるものも多い。

葉緑体は杯状、薄板状、円盤状、網目状、板状、リボン状、星型などで、それぞれに1から数個のピレノイドがある。クロロフィル、カロテンのほか数種のキサントフィルなどの色素を含み、緑色に見える。光合成産物はでんぷんである。

細胞の外側にはセルロースを主成分とした細胞壁があるが、一部には細胞壁がなく細胞質の変化した周皮で包まれているものもある。遊泳性の種や遊走子や配偶子には、2本、4本または多数の鞭毛があり、等長で細胞の頂端にある。

無性生殖は、母細胞の分裂によるものや遊走子の形成などのほかに、緑藻類特有の自生胞子と自生群体の形成がある。自生胞子は、単細胞性のものが、母細胞の中に分裂により 2, 4, 8, 16 個の娘細胞を形成し、その細胞は母細胞と同じ形に発育してから外に出るが、その娘細胞を自生胞子とよぶ。自生群体は、母群体の個々の細胞内に、母群体と同じ形の娘群体を形成する。この娘群体を自生群体という。

有性生殖は、2鞭毛をもった配偶子を形成して同型配偶子生殖、異形配偶子生殖などをする。精子と卵細胞を形成して卵生殖をするものもある。スピロギラ属 *Spirogyra*（p. 175）のように、鞭毛を待たない不動配偶子の接合によって接合子を形成するものもある。

緑藻類は 13 目にわけられ、約 700 属ある。

ボルボクス目 Volvocales

単細胞性のものと、細胞が一定の形に配列した群体性のものがある。個々の細胞は2本の等長の鞭毛をもち遊泳生活をする。1本または数本の鞭毛をもつものもある。鞭毛の根元には眼点や収縮胞がある。葉緑体は細胞壁に沿って湾曲した杯状で、1個または数個のはっきりしたピレノイドがある。無性生殖は二分裂や娘群体の形成でおこなわれる。有性生殖は接合、配偶子生殖、卵生殖するものがある。

テトラセルミス科 Tetraselmiaceae

細胞壁があり、鞭毛は細胞頂端のくぼみから伸び、4本のものと2本のものがある。

クラミドネフリス属 *Chlamydonephris*

単細胞性で遊泳性。細胞はほぼ球形ないし幅の広い心臓形。前端の中央部のくぼみから2本の等長の鞭毛が伸びている。後端は幅の広い円頭形。多くの種は1個の眼点がある。葉緑体は1個で杯状または多数の円盤状。1個または多数のピレノイドがある。

1. *Chlamydonephris pomiformis* (PASCHER) ETTL,H. & ETTL,O.

(Plate41　Figs. 12－15)

細胞内には特徴のある大きな杯状の葉緑体がある。細胞の径 8 μm 、長さ 4 μm

クラミドモナス科　Chlamydomonadaceae

細胞壁があり、頂端に 2 または 4 本の鞭毛をもつ。細胞の外側には厚く透明な粘質鞘をもつものもある。葉緑体は、杯状や薄板状で 1 から数個のピレノイドをもつ。

カルテリア属　*Carteria*

単細胞性で遊泳性。細胞は球形や楕円形で、4 本の同じ長さの鞭毛をもつ。細胞の後端が細胞壁から離れていて透明な物質で満たされているものがある。葉緑体は 1 個。1 から数個のピレノイドがある。約 100 種が記載されていて、種の識別は難しい。

1. *Carteria* spp.　　　　　　　　　　　　　　(Plate 36　　Figs. 2－4)

クラミドモナス属　*Chlamydomonas*

単細胞性で遊泳性。細胞は、球形、楕円形、卵型などで、はっきりした細胞壁がある。2 本の等長の鞭毛をもち、鞭毛の基部に乳頭状の突起があることが多い。葉緑体は杯状のものが 1 個、ピレノイドは大きなものが 1 個ある。1 個の眼点と 2 個の収縮胞をもつ。

無性生殖は、縦分裂で娘細胞を形成し母細胞から外に泳ぎだすが、母細胞から外に出ないまま分裂をくり返し、パルメラ状群体を形成することがある。(Plate 37　Figs 1－4)

この属の種類数はきわめて多く、識別が難しい。　白幡沼でも様々な形のものが観察されたが、類似種が多く種名を識別することができなかった。

1. *Chlamydomonas* spp.　　　　　　(Plate 36　Figs. 9－23 、Plate 37　Figs. 1－4)

クロロケラス属　*Chloroceras*

単細胞性で遊泳性。細胞は多角形ないし角ばった球形で、周りに数本の透明な太い角状突起がある。1 本の鞭毛と 1 本の眼点がある。葉緑体は 1 個で細胞中にかたまりとなって充満していて、1 個のピレノイドがある。

1. *Chloroceras corniferum* SCHILLER　　　　　　(Plate 38　　Figs. 1－3)

細胞の径 18 μm 、突起の長さ 5－7 μm　特異な形状の藻で稀産の種である。

クロロゴニウム属　*Chlorogonium*

単細胞性で遊泳性。細胞は細長い紡錘形。前端はくちばし状に細長く伸び、後端も長く伸び先は細く突き出している。2 本の鞭毛と 1 個の眼点がある。葉緑体は 1 個で、湾曲した薄板状または細胞内いっぱいに充満した塊状。1 個または 2 個のピレノイドがある。同型配偶子をつくって増殖する種では、栄養細胞がそのまま配偶子嚢に変わり、中に 32 ないし 64 個の配偶子が形成される。　多くの種が記載されていて識別は難しい。

1. *Chlorogonium maximum* SKUJA　　　　　　　　　（ Plate 38　　Figs. 12－13 ）

　細胞は細長い紡錘形で、両端は細長く伸びている。葉緑体は 1 個　細胞壁に沿って湾曲した長い薄板状。ピレノイドがある。

細胞の径 6－22 μm 、長さ 100－200 μm　配偶子を形成した細胞が観察された。

2. *Chlorogonium* spp.　　　　　　　　　　　　　　（ Plate 38　　Figs. 5－11 ）

　上記の種より小型のものが、数種類観察された。

クロロモナス属　*Chloromonas*

　単細胞性で遊泳性。細胞は、球形、楕円形、卵型、紡錘形などで、はっきりした細胞壁がある。2 本の等長の鞭毛をもち、鞭毛の基部に乳頭状かやや平坦な突起がある。葉緑体は杯状のものが 1 個あるが、薄板状で小孔や切れ込みのあるものもある。また多数の薄板状の葉緑体をもつものもある。ピレノイドはない。

1. *Chloromonas maculata* KORSCHIKOFF　　　　　（ Plate 36　　Figs. 5－6 ）

　葉緑体は多数で、円盤状で細胞壁に沿って並ぶ。細胞の径(10－) 15－26 μm

ジプロスタウロン属　*Diplostauron*

　単細胞性で遊泳性。細胞はややねじれた円筒形で、頂面観は四角形で側面観はやや長い四角形。前端と後端の四つの角には透明な角状突起がある。2 本の等長の鞭毛と 1 個の眼点がある。葉緑体は 1 個で、細胞いっぱいに広がった杯状で、1 個のピレノイドがある。

1. *Diplostauron elegans* SKUJA　　　　　　　　　（ Plate 38　　Figs. 4 ）

　突起をふくめない細胞の径 15 μm 、突起の長さ 4 μm

ロボモナス属　*Lobomonas*

　単細胞性で遊泳性。細胞は、球形、楕円形、洋梨型などで、細胞壁の周りは透明な寒天質状の鞘で包まれている。2 本の同じ長さの鞭毛をもち、基部に眼点と収縮胞がある。葉緑体は杯状で、1 個のピレノイドがある。

1. *Lobomonas ampla* PASCHER var.*mammilata* (SWIRENKO) KORSCHIKOFF

　　　　　　　　　　　　　　　　　　　　　　　（ Plate 39　　Figs. 1－7 ）

　細胞は卵型で、前端は円錐状に細くなっている。細胞を包む寒天質状の鞘には、放射状に伸びる乳頭状の突起がある。細胞の径 10－15 μm、長さ 17－20 μm、寒天質状の鞘の突起をふくめた径 25－35 μm、長さ 17－35 (－40) μm

ビトレオクラミス属　*Vitreochlamys* (Syn. *Sphaerellopsis*)

　単細胞性で遊泳性。細胞は、卵型、楕円形、洋梨型などで、前端部が細く突出したものが多い。細胞の周りには透明で厚い寒天質状の粘質鞘がある。2 本の同じ長さの鞭毛と眼点と収縮胞がある。葉緑体は杯状で、1 個または数個のピレノイドがある。この属は、これまではスファエレロ

プシス属 *Spaerellopsis* として記載されてきた。

1. *Vitreochlamys fluviatilis* (STEIN) PASCHER （ Plate41　Figs.1－8 ）

　細胞は卵型ないし紡錘形。前端は円錐状に細くなり、先端はくちばし状の突起になっている。細胞の周りには球形に近い楕円形の粘質鞘がある。細胞の径（ 7－）10－16 μm、突起をふくめた長さ（ 12－）18－22 μm、粘質鞘の径（ 15－）24－38 μm、長さ（ 16－）25－42 μm

2. *Vitreochlamys gloeosphaera* (PASCHER & JAHODA) H. & O. ETTL

（ Plate 41　Figs. 9 ）

　細胞は球形ないし卵型で、周りは透明で厚い寒天質状の粘質鞘で包まれている。粘質鞘の外形はほぼ円形。細胞の前端には細くて短い突起があり、そこから鞭毛が伸びている。

細胞の径 13－15 μm、突起をふくめた長さ 15－21 μm。粘質鞘の径 28－30 μm

3. *Vitreochlamys* sp. （ Plate 41　Figs. 10－11 ）

　細胞は球形に近い楕円形。前端には鈍頭の乳頭状の突起がある。

細胞の径 12 μm、突起をふくめた細胞の長さ 16 μm、粘質鞘の径 28 μm、長さ 30 μm

ファコツス科　Phacotaceae

　この科にはいろいろな構造の被鞘や粘質鞘をもつものが含まれる。鞭毛は 2 本で、葉緑体は 1 個、杯状で 1 個から数個のピレノイドをもつ。

ジスモルフォコックス属　*Dysmorphococcus*

　単細胞性で遊泳性。細胞は卵形で前端に 2 本の鞭毛がある。細胞の外側は、大きく透明な被殻に包まれている。被殻は表面に小孔模様があり、卵形か球形、楕円形でやや扁平でねじれたものもあり、細胞との間には隙間がある。細胞の前端にある 2 本の鞭毛は、被殻の離れた位置にある 2 個の小孔から外に伸びている。葉緑体は 1 個で、杯状で 1 個または数個のピレノイドがある。

1. *Dysmorphococcus* sp. （ Plate 36　Figs. 1 ）

ファコツス属　*Phacotus*

　単細胞性で遊泳性。細胞は卵形や楕円形。前端から 2 本の鞭毛が伸びている。細胞の周りは被殻に包まれている。被殻はやや扁平で、左右 2 枚の半球形の部分が縫合線で向き合うように接して細胞を包んでいる。葉緑体は 1 個で、杯状や塊状で 1 個または数個のピレノイドがある。

1. *Phacotus lenticularis* (EHRENBERG) STEIN （ Plate 36　Figs. 7－8 ）

　葉緑体は杯状で 1 個のピレノイドをもつ。被殻の径 13－20 μm

ボルボクス科　Volvocaceae

　群体性で遊泳性。群体を構成する細胞は卵型や球形。個々の細胞はクラミドモナス（ p.75 ）と同じ構造をもち、周りに細胞壁があり、前端に 2 本の等長の鞭毛、眼点、収縮胞がある。葉緑体

は1個、杯状で、1個の明瞭なピレノイドをもつ。群体には、透明な寒天質状の粘質鞘があり、群体全体を包むものと個々の細胞を包むものがある。群体を構成する細胞数は、4, 8, 16, 32・・・で、2^n個の決まった数になる。細胞数は、属や種で一定している。

バシクラミス属　*Basichlamys*

4細胞の群体で遊泳性。細胞は2本の等長の鞭毛をもち、収縮胞、眼点がある。葉緑体は杯状のものが1個、ピレノイドは1個。4個の細胞が、十文字に互いに離れて配列し、下端で母細胞壁の変化した粘質性の円盤に接着している。全体は薄い粘質鞘に包まれる。

1.　*Basichlamys sacculifera* (SCHERFFEL) SKUJA　　　　　　（ Plate 40　　Figs. 8－11 ）

細胞は細長い卵型。細胞の径 8 μm 、長さ 10 μm

エウドリナ属　*Eudorina*

16, 32, 64 または128個の細胞が、透明な寒天質状の粘質鞘の中で規則正しく配列した、球形や楕円形の群体。無性生殖は群体内のすべての細胞が分裂を繰り返し、小さな娘群体のエウドリナになる。

1.　*Eudorina elegans* EHRENBERG　　　　　　　　　　（ Plate 42　　Figs. 1－2 ）

8, 16, 32 個の細胞が粘質鞘の中で離れて配列し、群体内部は中空の構造となっている。細胞の径（ 10－）18－20 μm 、群体の径は最大で 90－150 μm

ゴニウム属　*Gonium*

4, 8, 16 または32個の細胞が、透明な寒天質の中で平板状に規則正しく配列している。無性生殖は、群体内のすべての細胞が分裂を繰り返し、小さな娘群体のゴニウムになる。

1.　*Gonium pectorale* MÜLLER　　　　　　　　　　（ Plate 39　　Figs. 8－9 ）

8 または 16 個の細胞が平板状に配列する。16 細胞の群体では中央に4個、周りに12個が配列し、8細胞群体では2個ずつ4列に配列する。各細胞は、それぞれが寒天質状の粘質鞘の中に埋まる。細胞の径は最大で 15 μm 、群体の径は最大で 60 μm

2.　*Gonium sociale* (DUJARDIN) WARMING var. *sociale*　　　（ Plate 40　　Figs. 1－4 ）

群体は正方形で、4個の細胞が平板状に配列する。細胞は卵型で、それぞれの細胞は寒天質状の粘質鞘に埋まり、互いの粘質鞘の突起で連結している。細胞の径と幅は最大で 16 μm 、32 μm

3.　*Gonium sociale* (DUJARDIN) WARMING var. *sacculum* STEIN

（ Plate 40　　Figs. 5－7 ）

群体は正方形で、4個の細胞が平板状に配列する。群体の後部には寒天質状の母細胞の粘質鞘が付着する。細胞は卵型で、前端は乳頭状に尖っている。それぞれの細胞は粘質鞘に埋まり、互いの粘質鞘の突起で連結している。細胞の径は最大で 13 μm 、群体の幅は最大で 32 μm

パンドリナ属　*Pandorina*

4, 8, 16 または 32 個の細胞が、放射状に密接して並んだ球形ないしは楕円形の群体。細胞は球形ないし楕円形や楔形。群体は、透明な寒天質状の粘質鞘に包まれている。無性生殖は、群体内のすべての細胞が分裂を繰り返し、小さな娘群体のパンドリナになる。

1.　*Pandorina colemaniae* NOZAKI　　　　　　　　　(Plate 42　　Figs. 6－8)

Pandorina morum に似るが、栄養細胞にピレノイドが複数個ある点で異なる。

細胞の径は最大で 26 μm、群体の最大の径 58 μm

2.　*Pandorina morum* BORY　　　　　　　　　　　(Plate 42　　Figs. 3－5)

各細胞は密接して配列するので、表面観では多角形に見える。群体は俵型をしている。

細胞の最大の径 20 μm、群体の最大の径 53 μm

3.　*Pandorina cylindricum* IYENGAR　　　　　　　(Plate 43　　Figs. 1－3)

細胞は密接して配列し、表面観は多角形に見える。群体は長楕円形で、両端は丸い円頭状で中は中空。細胞の最大の径 12 μm、群体の最大の径 35 μm

イアマギシエラ属　*Yamagishiella*

ふつうは 32 個の細胞がくいちがった形でゆるく配列した球形ないし楕円形の群体。群体は、透明な寒天質状の粘質鞘に包まれている。個々の細胞は明瞭な独自の粘質鞘で包まれている。

1.　*Yamagishiella unicocca* (RAYBURN & STARR) NOZAKI　　(Plate 43　　Figs. 4－6)

細胞は、パンドリナ属 *Pandrina* の種よりもゆるく配列している。群体は長楕円形。細胞の最大の径 18 μm、群体の最大の径 90 μm

テトラスポラ目 Tetrasporales

単細胞性または群体性で、寒天質の粘質鞘に包まれているものが多い。群体性のものには肉眼的な大きさの寒天質状の藻塊をつくるものがある。浮遊性または付着性。細胞は球形、楕円形、卵型などで、葉緑体は 1 個。ピレノイドはもつものともたないものがある。

グロエオコックス科　Gloeococcaceae

浮遊性か付着性。浮遊性のものは、球形や楕円形の厚い粘質鞘に包まれた群体をつくる。

グロエオコックス属　*Gloeococcus*

細胞は卵型で、前端より二本の等長の鞭毛が出ている。細胞は透明な寒天質の鞘の中にまばらに散在している。細胞はクラミドモナス（p. 75）によく似ている。

1.　*Gloeococcus* sp.　　　　　　　　　　　　　(Plate 44　　Figs. 1－3)

グロエオキスチス属　*Gloeocystis*

細胞は球形や楕円形で、透明な寒天質の層状構造の鞘に包まれている。

1.　*Gloeocystis* sp.　　　　　　　　　　　　　(Plate 44　　Figs. 4－5)

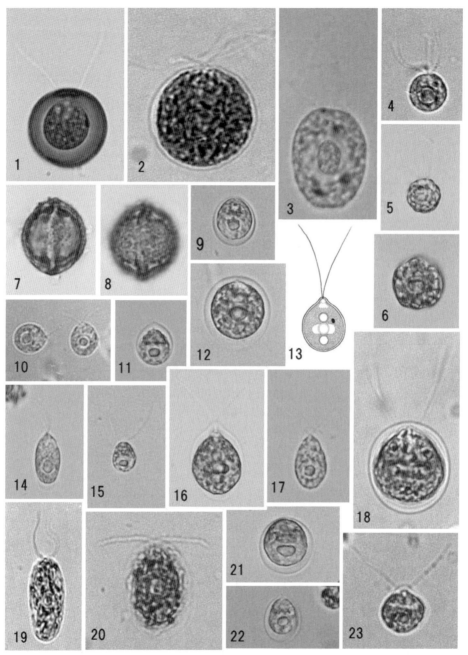

Plate 36 Dysmorphococcus Carteria Chloromonas Phacotus
Chlamydomonas (Figs. 1〜23. ×1000)
1. *Dysmorphococcus* sp. (p.77)   2〜4. *Carteria* spp. (p.75)
5〜6. *Chloromonas maculata* (p.76)   7〜8. *Phacotus lenticularis* (p.77)
9〜23. *Chlamydomonas* spp. (p.75)

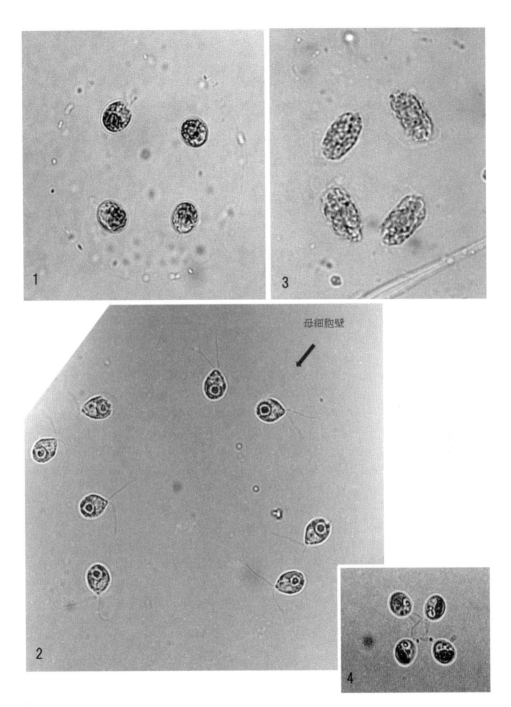

Plate 37　Chlamydomonas　(Figs. 1〜2.　×700　　3〜4.　×1000)
1〜4.　*Chlamydomonas* spp.（p. 75）

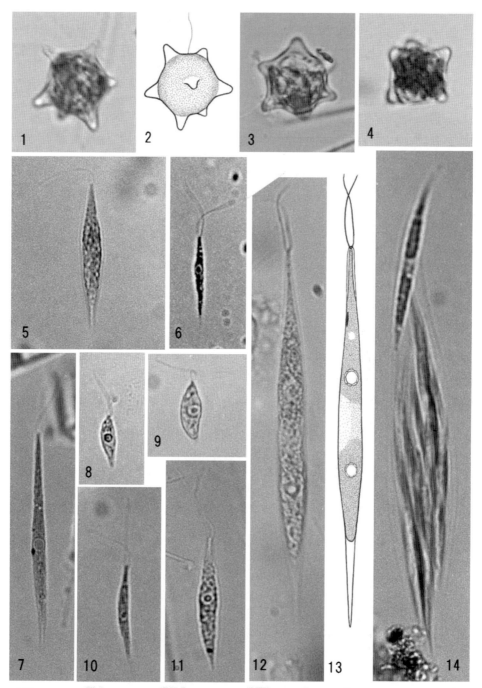

Plate 38　Chloroceras Diplostauron Chlorogonium　(Figs. 1〜14.　×1000)
1〜3.　*Chloroceras corniferum*（p. 75）　　4.　*Diplostauron elegans*（p. 76）
5〜11.　*Chlorogonium* spp.（p. 76）　　12〜13.　*Chlorogonium maximum*（p. 76）
（14：配偶子嚢の中で小刻みに動くChlorogoniumの配偶子）

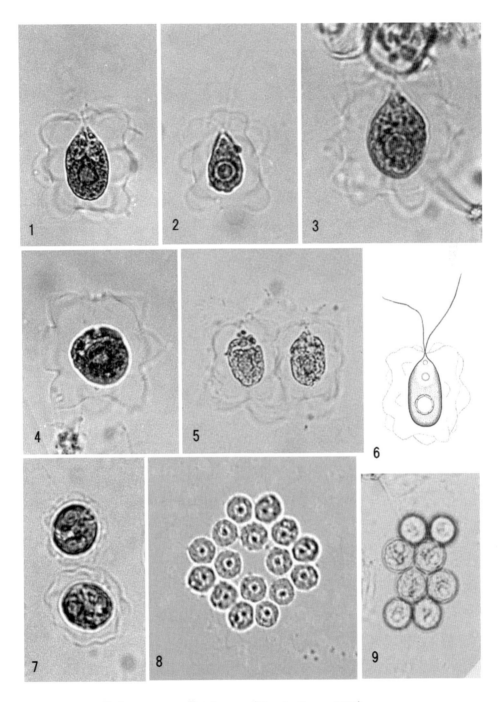

Plate 39　Lobomonas　Gonium　(Figs. 1〜9．×1000)
1〜7.　*Lobomonas ampla* var. *mammilata* (p. 76)　　(4, 7：頂面観)
8〜9.　*Gonium pectorale* (p. 78)

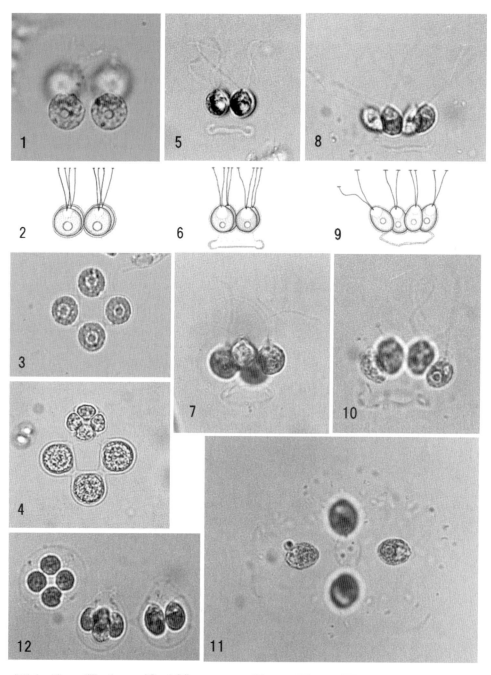

Plate 40　　Gonium　　Basichlamys　　(Figs. 1〜12.　×700)
1〜4.　*Gonium sociale* var. *sociale*（p. 78）　　5〜7.　*G. sociale* var. *sacculum*（p. 78）
8〜11.　*Basichlamys sacculifera*（p. 78）　　（12.　母細胞から出る娘群体）

84

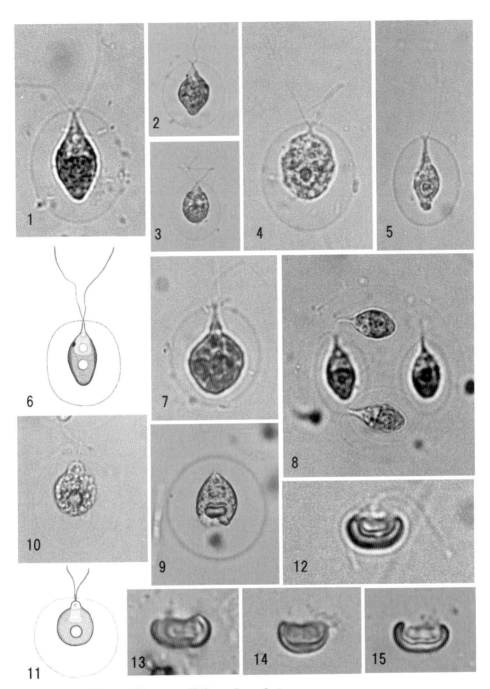

Plate 41 Vitreochlamys Chlamydonephris
(Figs. 1〜11. ×1000   12〜15. ×2000)
1〜8. *Vitreochlamys fluviatilis* (p. 77)   （8：自生胞子形成）
9. *V. gloeosphaera* (p. 77)   10〜11. *V.* sp. (p. 77)
12〜15. *Chlamydonephris pomiformis* (p. 75)   （13：頂面観）

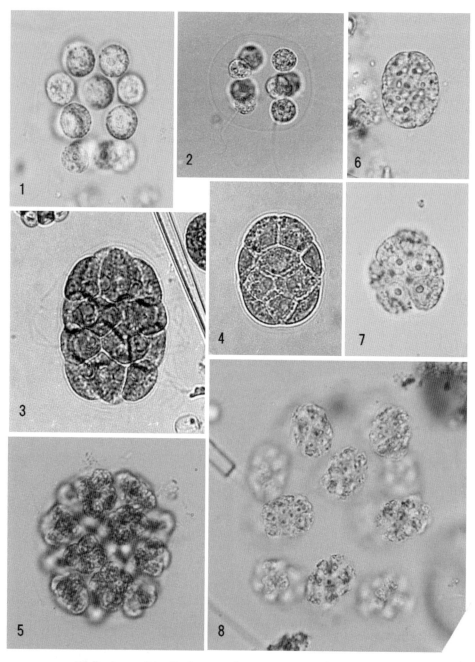

Plate 42　Eudorina　Pandorina　　(Figs. 1〜8.　×700)
1〜2.　*Eudorina elegans*（p. 78）
3〜5.　*Pandorina morum*（p. 79）　（ 5：無性生殖）
6〜8.　*P. colemaniae*（p. 79）　　（ 8：無性生殖）

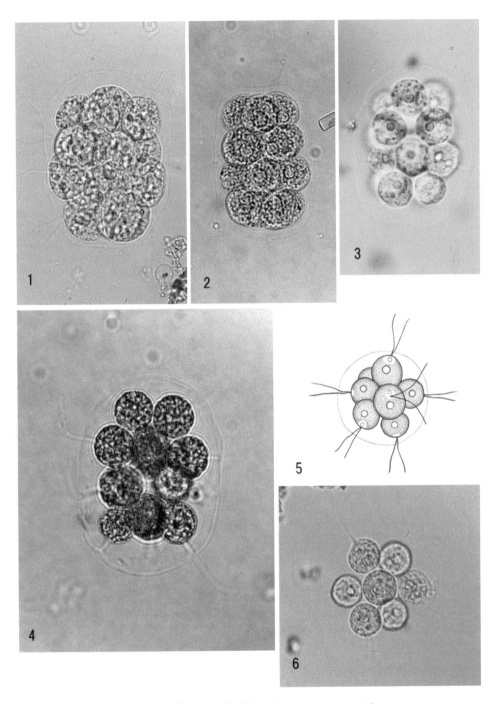

Plate 43　　Pandorina　Yamagishiella　(Figs. 1〜6.　×700)
1〜3. *Pandorina cylindricum* (p. 79)　　　4〜6. *Yamagishiella unicocca* (p. 79)

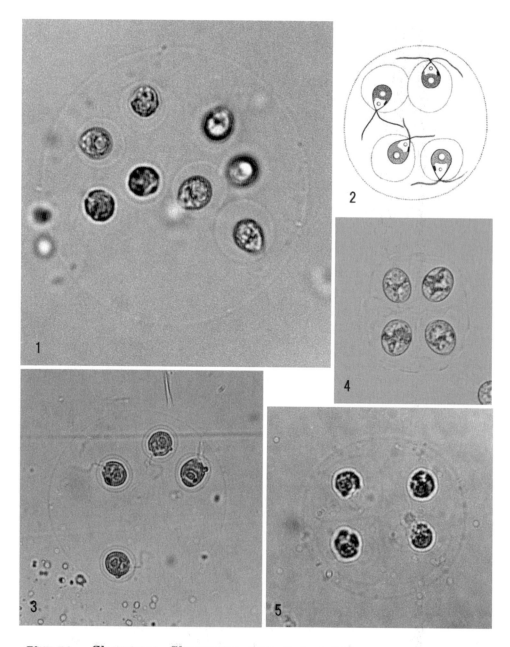

Plate 44　Gloeococcus　Gloeocystis　(Figs. 1〜5.　×700)
1〜3. *Gloeococcus* sp. (p. 79)　　4〜5. *Gloeocystis* sp. (p. 79)

クロロコックム目 Chlorococcales

緑藻綱の中では最も多くの種が含まれている。単細胞や 2, 4, 8, 16, 32 などの一定の数の細胞が集まった群体をなし、多くは浮遊性である。細胞は、球形、楕円形、紡錘形、四辺形、多角形、針状など様々である。細胞の周りに、短い突起や長い針状突起をもつものもある。

クロロコックム科 Chlorococcaceae

単細胞性で、多くは球形や楕円形。細胞の周りに刺状の突起や粘質鞘をもつものや付着性のものもある。石垣や樹皮、また湿った土に気生藻や土壌藻として生育しているものも多い。

デスマトラクツム属 *Desmatractum*

単細胞性で浮遊性。細胞は球形や楕円形。細胞の周りには透明な鞘がある。鞘は円錐形の二つの部分からなり、中央で接着している。鞘には縦に走る条線や隆起縁がある。葉緑体は 1～2 個で、薄板状や杯状で、1 個のピレノイドがある

1. *Desmatractum indutum* (GEITLER) PASCHER （ **Plate 47　Figs. 10−12** ）

細胞は楕円形で両端は丸く、2 個の透明で細長い円錐状の鞘で包まれている。鞘は中央で円頭形に膨らんで接着し、両端に行くにつれて細い刺状となり、先は尖っている。葉緑体は 1 個。細胞の径 3−4（−8）µm、長さ 5−8（−10）µm、鞘の長さ 75−95 µm

プランクトスファエリア属 *Planktosphaeria*

単細胞性か群体性。細胞は球形で、周りは厚い透明な粘液鞘で包まれ、多数の細胞が中に分散している。葉緑体は 1 個で杯状。1 個のピレノイドをもつ。

1. *Planktosphaeria gelatinosa* G. M. SMITH （ **Plate 45　Figs. 1−2** ）

単細胞のものがそのまま自生胞子を形成して、それらが密接あるいは不規則にまとまった状態で粘質鞘の中に配列した群体となる。若い細胞では葉緑体は 1 個で杯状。成熟した細胞では数個の角ばった葉緑体がある。細胞の径 4.5−25 µm、群体の径は 150 µm に達する。

ポリエドリオプシス属 *Polyedriopsis*

単細胞性で浮遊性。細胞は扁平かややねじれた四辺形やピラミッド型をしている。各角は突き出しているが先は丸みをおび、そこから数本の長い針状突起が出ている。葉緑体は 1 個が細胞いっぱいに広がり、1 個のピレノイドがある。

1. *Polyedriopsis spinulosa* SCHMIDLE （ **Plate 46　Figs. 1−7** ）

細胞の径 12−25 µm、針状突起の長さ 20−40 µm

スクロエデリア属 *Schroederia*

単細胞性で浮遊性。細胞はまっすぐで幅の狭い紡錘形または湾曲した弓形をしている。細胞の両端は細くなり針状の突起となっている。葉緑体は 1 個で、薄板状で 1 個ないし数個のピレノイドがある

1. *Schroederia setigera* (SCHRÖDER) LEMMERMANN　　　　　(Plate 47　Figs. 1−4)

　細胞はまっすぐで細長い紡錘形。両端は鋭い針状突起となっている。

細胞の中央部の径 3−7 μm、刺状突起を含めた長さ 80−150 μm

2. *Schroederia spiralis* (PRINTZ) KORSCHIKOFF　　　　　(Plate 47　Figs. 5−9)

　細胞は細長い紡錘形で、両端の針状突起とともにS字状にねじれている。

細胞の中央部の径 4−7 μm、両端の針状突起をふくめた長さ 40−90 μm

カラキウム属　*Characium*

　単細胞性で付着性。細胞は細長い卵型、紡錘形、鎌形、三日月型などで、基部の柄状部でほか
のものに着生している。葉緑体は1個で薄板状、ピレノイドがある。

1. *Characium braunii*　BRUGGER　　　　　　　(Plate 45　Figs. 3−5)

　細胞は細長い紡錘形で先端は細く尖る。側面観ではやや湾曲している。後端には太く短い柄が
あり、その先の円板状のものでほかのものに付着している。

細胞の径（4−）6.5−13 μm、細胞の長さ（18−）25−32 μm

2. *Characium* sp.　　　　　　　　　　　　　　(Plate 45　Figs. 6)

　白幡沼では、*Botriococcus* に着生していた。

ヒドリアヌム属　*Hydrianum*

　単細胞性で付着性。細胞は紡錘形、洋梨型、円筒形などでまっすぐなものと湾曲したものがあ
る。葉緑体は1個で薄板状、ピレノイドのないものが多い。

1. *Hydrianum gracile* KORS　　　　　　　　　(Plate 45　Figs. 7−8)

　細胞は細長くまっすぐで紡錘形。前端は狭くなり円頭形で、後端には柄がありその先の円盤状
のものでほかのものに付着している。細胞の径（2−）4.5−6 μm、細胞の長さ（7−）36 μm

　白幡沼では *Golenkinia radiata* に付着しているのが観察された。

テトラエドロン属　*Tetraëdron*

　単細胞性で浮遊性。細胞は三日月形、三角形、四辺形、五角形などの平板状のものや、四面体（ピラミッド型）、六面体のものがあり、細胞に角（かど）をもつ。角からは、角状突起、長い刺状突起や枝分かれした突起を伸ばす種もある。図2、3はテトラエドロン属の様々な細胞の形と突起の模式図である。

図2

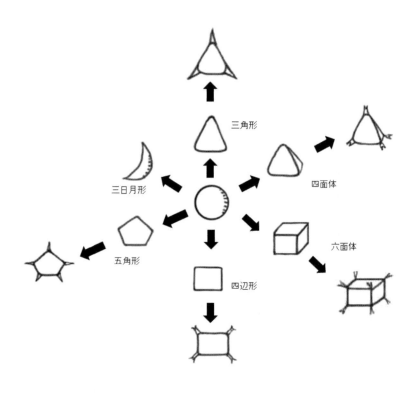

図3

　葉緑体は1個で、薄板状で細胞いっぱいに広がり、ピレノイドがある。
　無性生殖は、母細胞の中で分裂形成された娘細胞が、細胞壁が破れて外に出てくる。（図4　Plate 49　Figs. 4、20）
　黄緑色藻類のテトラエドリエラ属 *Tetraedriella*（p.15）、プセウドスタウラストルム属 *Pseudostaurastrum*（p.15）に似ているものがあるが、これらには多数の円盤状の葉緑体があり、ピレノイドはない。

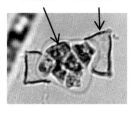

図4

Tetraëdron 属には種類が多いが、白幡沼では次の 15 種類が観察された。

1. *Tetraëdron arthrodesmiforme* (G.S.West) Woloszynska

(Plate 50　Figs. 7−8)

　細胞は扁平な四角形で、二辺は浅くほかの二辺は深く凹んでいる。各角は次第に細くなり先の尖った太くて長い突起になっている。細胞の長さは突起を含めて 38−50 μm

2. *Tetraëdron caudatum* (Corda) Hansgirg　　　(Plate 48　Figs. 9−10)

　細胞は扁平で五角形。四辺は凹み、残りの一辺は深く V 字型に切れ込んでいる。各角は円頭で、先端には刺状突起がある。細胞は長さ 6−23 μm、刺状突起 2−4 (−6) μm

3. *Tetraëdron incus* (Teiling) G.M. Smith var. *irregulare* G.M. Smith

(Plate 48　Figs. 1−3)

　細胞はピラミッド型の四面体で、各辺はやや凹むかやや膨らむ。各頂点は細くなり、長い刺状突起となっている。細胞の本体の径は 10−17 μm、刺状突起の長さは 10−29 μm

4. *Tetraëdron limneticum* Borge　　　　　　　　(Plate 48　Figs. 4−8)

　細胞はピラミッド型の四辺形。各角からはやや細い突起が伸び、1 回か 2 回分枝し先端には三つにわかれた刺状突起がある。細胞の側縁は内側に湾曲している。

刺を含まない細胞の径は（20−）30−55 μm

5. *Tetraëdron longispinum* (Perty) Hansgirg　　　(Plate 50　Figs. 10)

　細胞は大型の扁平な三角形で、各辺は強く内側に湾曲している。各角は先に行くにつれて次第に細くなり、その先は長い針状突起となっている。

細胞の中心から角までは 20−30 μm、刺状突起の長さは 30−35 μm

6. *Tetraëdron lunula* (Reinsch) Hansgirg　　　　(Plate 50　Figs. 9)

　細胞は著しく湾曲した三日月形である。両端にいくにつれ次第に細くなり、先は尖る。葉緑体は 1 個で、1 個のピレノイドをもつ。細胞の径は（3−）6−12 μm、長さは（12−）25−31 μm

7. *Tetraëdron minimum* (Braun) Hansgirg　　　　(Plate 49　Figs. 1−7)

　細胞は扁平な四辺形で、各辺はやや凹む。各角には丸くて小さな乳頭状の突起がある。

一辺の細胞の長さは 10−16 μm

8. *Tetraëdron muticum* (Braun) Hansgirg　　　　(Plate 49　Figs. 8−11)

　細胞は小さく、三角形で扁平。各辺はやや内側にカーブし、各角はやや丸く刺状突起はない。

細胞は 6−15 μm

9. *Tetraëdron pentaedricum* W. & G.S. West　　　(Plate 48　Figs. 11−14)

　細胞は五角形でねじれ、各辺は浅く凹んでいる。各角はいろいろな向きに突き出し、円頭形で先端には短い刺状突起がある。*T. caudatum* に似ているが、本種は細胞がねじれている。

92

細胞は長さ 10－15 μm、刺の長さ 3－6 μm

10. *Tetraëdron regulare* KUETZING　　　　　　　　（ Plate 49　Figs. 14－19 ）

　細胞はピラミッド型の四面体で、各辺はやや凹むかまっすぐで、各頂点は狭くなりやや太い刺状突起となっている。突起を含めた細胞の径は 14－45 μm

11. *Tetraëdron triangulare* KORSCHIKOFF　　　　　　（ Plate 49　Figs. 12－13 ）

　細胞は扁平で小さな三角形で、各辺はやや凹むかまっすぐ。各角は丸みをおび、乳頭状の小さな突起をもつものもある。細胞壁には細点模様がある。細胞の径は 9－14 μm

12. *Tetraëdron trigonum* (NÄGELI) HANSGIRG var. *trigonum*

（ Plate 50　Figs. 1－4 ）

　細胞は扁平な三角形で、各辺はやや膨らむかまっすぐ。まれに四辺形。各角は次第に細くなり、先にはまっすぐかやや曲がった刺状突起がある。

細胞の径は（10－）20－30 μm。針状突起は 4－6 μm

13. *Tetraëdron trigonum* (NÄGELI) HANSGIRG var. *gracile* (REINSCH) DE TONI

（ Plate 50　Figs. 5－6 ）

　細胞は扁平な三角形で、側辺は著しく凹む。各角は次第に細くなり、先にはまっすぐな刺状突起がある。側辺の長さは 8－22 μm、針状突起の長さは 8－12 μm　基本種と比べて側辺が著しく凹み刺状突起が長い。

14. *Tetraëdron victoriae* WOLOSZYNSKA var. *major* SMITH　（ Plate 51　Figs. 1－4 ）

　細胞はねじれた四面体。紡錘形のものが十字に接着したような形になっている。各頂端から長い刺状突起が出ている。細胞の径は（9－）20－24 μm、細胞は刺状突起をふくめて 35－40 μm

15. *Tetraëdron* sp.　　　　　　　　　　　　　　　（ Plate 51　Figs. 5－8 ）

パルメラ科　Palmellaceae

　厚い寒天質状の粘質鞘に包まれ、球形や不定形の群体をつくる。

　スファエロキスチス属　*Sphaerocystis*

　群体性で浮遊性。細胞は球形で、4, 8, 16, 32 細胞がまばらに集まって群体をつくり、球形で透明な粘液質の鞘に包まれる。葉緑体は 1 個で杯状、1 個のピレノイドがある

1. *Sphaerocystis schroeteri* CHODAT　　　　　　　　（ Plate 51　Figs. 9－10 ）

　細胞の径 6－15 μm、群体粘質鞘の径 30－70 μm

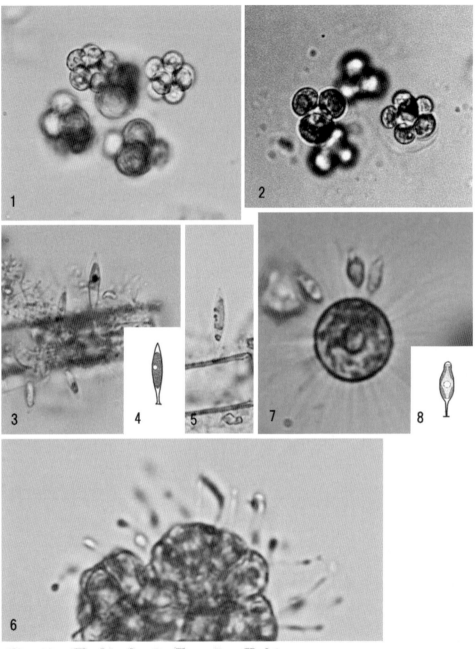

Plate 45　Planktosphaeria Characium Hydrianum
(Figs. 1〜5.　×1000　　6〜8.　×2000)
1〜2.　*Planktosphaeria gelatinosa*（p. 89）
3〜5.　*Characium braunii*（p. 90）
6.　　*Characium* sp.（p. 90）（*Botriococcus*に着生する）
7〜8.　*Hydrianum gracile*（p. 90）（*Golenkinia*に着生する）

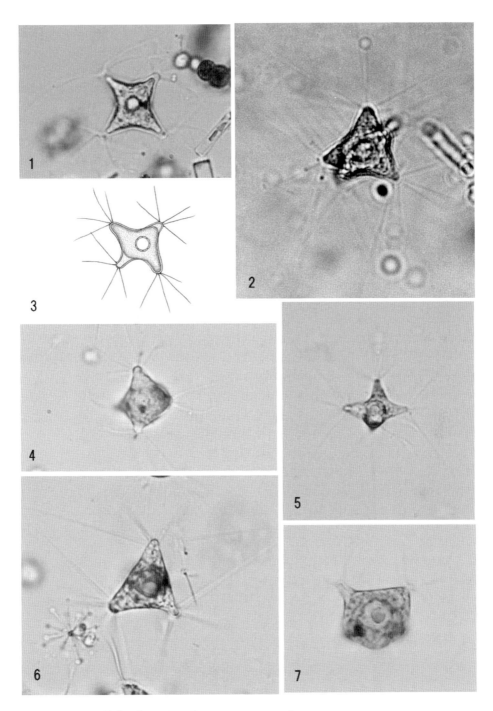

Plate 46　　Polyedriopsis　(Figs.1〜7.　×1000)
1〜7.　*Polyedriopsis spinulosa*（p. 89）

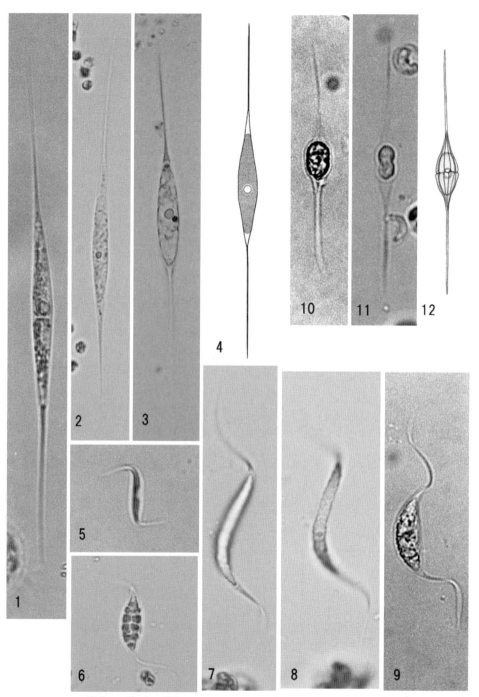

Plate 47　　Schroederia　Desmatractum　　(Figs.1〜12.　×1000)
1〜4. *Schroedeira setigera* (p. 90)　　　5〜9. *S. spiralis* (p. 90)　(6：自生胞子形成)
10〜12. *Desmatractum indutum* (p. 89)

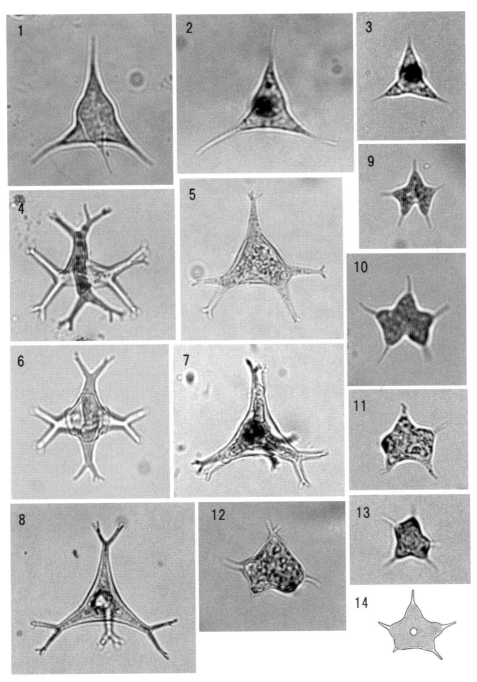

Plate 48　Tetraëdron　(Figs.1〜14.　×1000)
1〜3.　*Tetraëdron incus* var. *irregulare* (p. 92)　　4〜8.　*T. limneticum* (p. 92)
9〜10.　*T. caudatum* (p. 92)　　11〜14.　*T. pentaedricum* (p. 92)

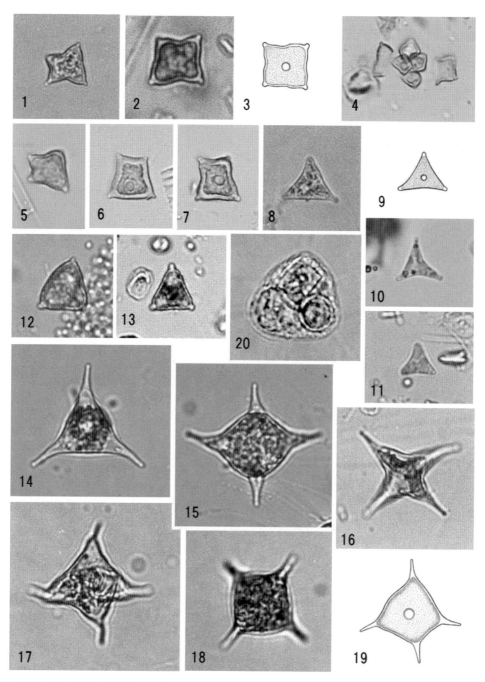

Plate 49　Tetraëdron　（Figs.1〜20.　×1000）
1〜7.　Tetraëdron *minimum*（p.92）（4：自生胞子形成）
8〜11.　*T. muticum*（p.92）　　　12〜13.　*T. triangulare*（p.93）
14〜19　*T. regulare*（p.93）（20：自生胞子形成）

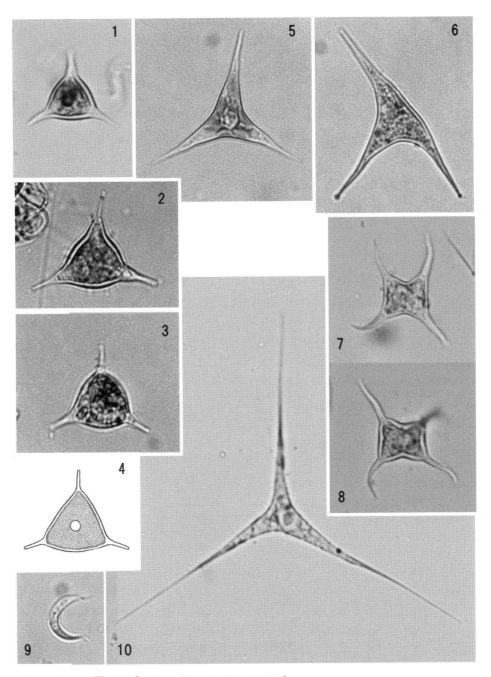

Plate 50　Tetraëdron　(Figs.1〜10.　×1000)
1〜4.　*Tetraëdron trigonum* var. *trigonum*（p. 93）
5〜6.　*T. trigonum* var. *gracile*（p. 93）　　7〜8.　*T. arthrodesmiforme*（p. 92）
9.　*T. lunula*（p. 92）　　10.　*T. longispinum*（p. 92）

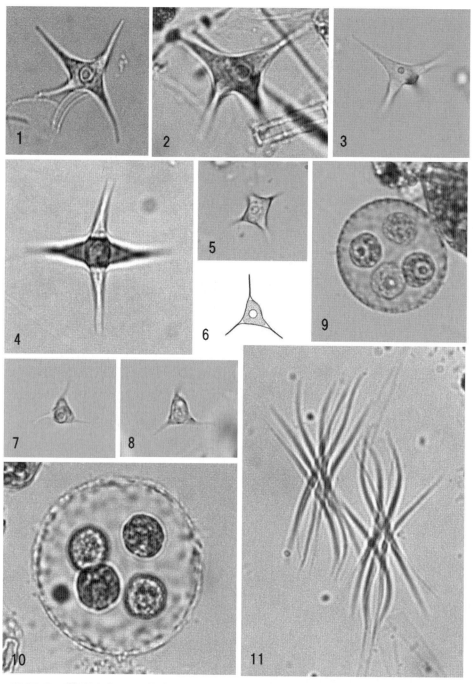

Plate 51 **Tetraëdron Sphaerocystis Ankistrodesmus** (Figs. 1~11. ×1000)
1~4. *Tetraëdron victoriae* var. *major* (p. 93)   5~8. *Tetraëdron* sp. (p. 93)
9~10. *Sphaerocystis schroeteri* (p. 93)   11. *Ankistrodesmus bernardii* (p. 102)

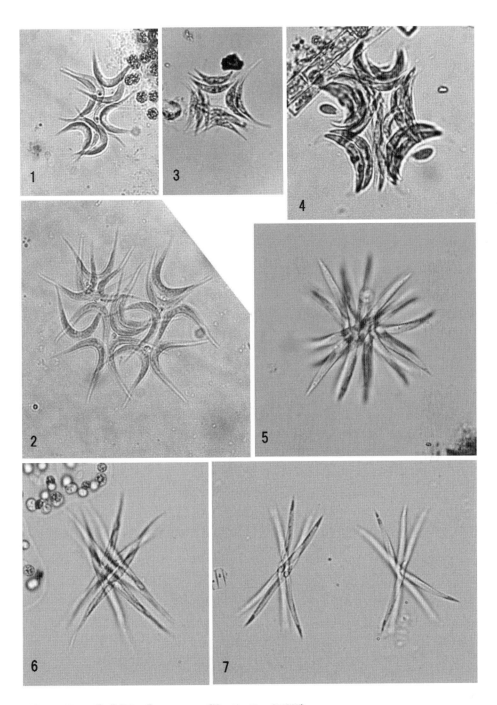

Plate 52　Ankistrodesmus　(Figs.1〜7.　×700)
1〜3.　*Ankistrodesmus gracile* var.*westii*（p. 102）（3：自生胞子形成）
4.　　*A.* sp.（p. 102）（自生胞子形成）　　　5〜7.　*A. falcatus*（p. 102）

オオキスチス科　Oocystaceae

　単細胞性または群体性で浮遊性。細胞にはいろいろな形のものがある。群体は不定数個の細胞から構成されている。群体を包む粘質鞘をもつものもある。この科に含められている藻類は非常に多く、約50属に分けられている。白幡沼でも20属が観察された。

アンキストロデスムス属　Ankistrodesmus

　単細胞または群体性で、浮遊性。細胞はまっすぐかやや曲がった細長い紡錘形。ふつうは多数集まって特徴的な群体を形成する。群体の周りを囲むはっきりした粘液質の鞘はない。葉緑体は1個、細長い薄板状で、ピレノイドは1個だがない場合もある。無性生殖は、細胞が縦に分裂し、母細胞内では娘細胞は平行な形で並んでいる。キルクネリエラ属 *Kirchneriella*（p.108）に似ているものがあるが、群体の周りには粘質鞘がない点で異なっている。

1.　*Ankistrodesmus bernardii* KOMAREK　　　　　　　　　　（ Plate 51　Figs. 11 ）

　細胞は細長い紡錘形で、両端にかけて次第に細くなり先は尖る。分裂してできた細胞が、S字状に湾曲して中間部でねじれるように接着して群体を形成していることが多い。葉緑体は薄板状でピレノイドはない。細胞の径 1－2 μm、長さ 36－68 μm

2.　*Ankistrodesmus falcatus* (CORDA) RALFS　　　　　　　（ Plate 52　Figs. 5－7 ）

　細胞はまっすぐかやや湾曲する細長い針状で、両端で細くなり先は尖る。分裂してできた細胞が、中間部で接着して放射状や平行に並んで群体を形成していることが多い。

細胞の径 1.5－6 μm、長さ 25－100 μm

3.　*Ankistrodesmus gracile* REINSCH var.*westii* (G.M.SMITH) KRIENITZ

　　Syn. *Selenastrum westii* G.M.SMITH　　　　　　　（ Plate 52　Figs. 1－3 ）

　細胞は非常に細長く湾曲し、両端に行くに従って細くなり両端は尖っている。湾曲した細胞が背面で相互に接着して、不規則に配列する。細胞の径 1－2.5 μm、長さ 20－50 μm

4.　*Ankistrodesmus* sp.　　　　　　　　　　　　　　　（ Plate 52　Figs. 4 ）

コダテラ属　Chodatella

　単細胞性で、浮遊性。細胞は楕円形、卵型、球形などがある。細胞には両端や中央に数本の針状突起がある。葉緑体は1～数個、薄板状で1個のピレノイドがある。細胞の周りにある刺状突起の基部にこぶ状突起をもつ種は、ラゲルヘイミア属 *Lagerheimia* として別属とすることもある。母細胞が分裂して4～8個の母細胞と同じ形で刺状突起をもった自生胞子（娘細胞）を形成する。（ Plate 54　Figs. 5,10～12 ）

1.　*Chodatella chodatii* (BERNARD) LEY　　　　　　（ Plate 54　Figs. 1－2 ）

　　Syn. *Lagerheimia chodatii* BERNARD

　細胞は球形で、周りに4本の針状突起がある。4本は一平面に十字に配列しているが、時とし

て 1 本が別の方向に伸びることがある。針状突起の基部にはこぶ状の突起がある。葉緑体は 1 個
で薄板状 1 個のピレノイドがある。 細胞の径 5−10 μm、針状突起の長さ 8−18（−20）μm

2. *Chodatella ciliata* (LAGERHEIM) LEMMERMANN （ Plate 53 Figs. 3−5 ）

　細胞は細長い卵型で、両端から 3〜7 本の細くてまっすぐなまたは湾曲した針状突起が伸びる。
葉緑体は 1〜4 個で薄板状。それぞれに 1 個のピレノイドがある

細胞の径 6−18 μm、長さ 10−21 μm、針状突起の長さ 20−30 μm

3. *Chodatella citriformis* SNOW （ Plate 53 Figs. 6−7 ）

　細胞は卵形ないし楕円形で、両端が少し突き出して丸みをおびている。細胞の両端から 4〜8
本の長い針状突起が伸びる。葉緑体は 1 個で薄板状 1〜4 個のピレノイドがある。

細胞の径 8−20 μm、長さ 13−23 μm、針状突起の長さ 25−35 μm

4. *Chodatella genevensis* (CHODAT) CHODAT （ Plate 54 Figs. 3−6 ）
　　Syn. *Lagerheimia genevensis* (CHODAT) CHODAT

　細胞は角が丸みをおびた四辺形。4 本の針状突起がそれぞれの角から伸びている。針状突起の
基部にはこぶ状の突起がある。葉緑体は 1 個で薄板状 1 個のピレノイドがある。

細胞の径 2−6.5 μm、長さ 3.5−15 μm、針状突起の長 8−23 μm

5. *Chodatella longiseta* LEMMERMANN （ Plate 53 Figs. 1−2 ）

　細胞は楕円形または長楕円形。細胞の両端から 4〜10 本の長い針状突起が伸びる。葉緑体は 1
個で薄板状 1 個のピレノイドがある。

細胞の径 5−8 μm、長さ 9−13 μm、針状突起の長さ 40−50 μm

6. *Chodatella marssonii* (LEMMERMANN) LEY
　　Syn. *Lagerheimia marssonii* LEMMERMANN （ Plate 54 Figs. 13 ）

　細胞は楕円形で、周りに 5〜6 本の針状突起がある。そのうち 2 本は両端から、残りは細胞の
中央より取り囲むように四方に伸びている。針状突起の基部にはこぶ状の突起がある。葉緑体は
1 個で薄板状 1 個のピレノイドがある

細胞の径 3−7 μm、長さ 7−12 μm、針状突起の長さ 15−20 μm

7. *Chodatella wratislawiensis* (SCHRÖDER) LEY （ Plate 54 Figs. 7−12 ）
　　Syn. *Lagerheimia wratislawiensis* SCHRÖDER

　細胞は楕円形で、周りに 4 本の針状突起があり、そのうち 2 本は両端から、残りの 2 本は細胞
の中央から側方に伸びている。針状突起の基部にはこぶ状の突起がある。葉緑体は 1 個で薄板状
1 個のピレノイドがある。細胞の径 5−10 μm、長さ 8−14 μm、針状突起の長さ 10−27 μm

クロステリオプシス属　*Closteriopsis*

単細胞性で、細胞は細長い針状または細長い紡錘形。葉緑体は1個、長い薄板状でまっすぐか螺旋状にねじれる。ピレノイドが数個または多数で一列に並んでいる。クロステリウム属 *Closterium*（p. 178）に似るが、葉緑体は中央で2個にわかれていない。

1.　*Closteriopsis longissima* (LEMMERMANN) LEMMERMANN var.*longissima*

（ Plate 55　Figs. 3－4 ）

両端に行くにつれ細くなり先は尖っている。細胞の径3.5－7.5 μm、長さ(80－)190－530 μm

2.　*Closteriopsis longissima* LEMMERMANN var. *tropica* (W. & G.S.WEST)
　　W. & G.S.WEST　　　　　　　　　　　　　　（ Plate 55　Figs. 1－2 ）

細胞は細長い紡錘形。両端に行くにつれ細くなるが、先は円頭状で尖っていない。

細胞の径 6－7.5 μm、長さ 225－370 μm

ジアカントス属　*Diacanthos*

単細胞性で、浮遊性。細胞は楕円形または卵型。細胞の両端から1本ずつ長くて太い針状突起が伸びる。葉緑体は1個、湾曲した薄板状で1個のピレノイドがある。

1.　*Diacanthos belenophorus* KORSCHIKOFF　　　　（ Plate 55　Figs. 5－6 ）

細胞は長楕円形。突起は透明で先端は細く尖っている。

細胞の径 3.5－5 μm、長さ 5－10 μm、針状突起の長さ 35－50 μm

エレモスファエラ属　*Eremosphaera*

単細胞性で、浮遊性。細胞は球形で大型。葉緑体は小さな円盤状で、ピレノイドがあり、多数のものが細胞壁に沿って網目状に配列している。

1.　*Eremosphaera viridis* DE BARY　　　　　　　（ Plate 55　Figs. 7 ）

細胞は球形。細胞の径（50－）90－200 μm

フランケイア属　*Franceia*

単細胞性で、浮遊性。細胞は楕円形で、細胞の周りには四方に伸びた多数の細い針状突起がある。葉緑体は1～数個、細胞壁に沿った薄板状で、それぞれに1個のピレノイドがある。

1.　*Franceia ovalis* (FRANCÉ) LEMMERMANN　　　（ Plate 55　Figs. 9－11 ）

細胞壁の周りには、全面に繊細な針状突起が生えている。

細胞の径 7－10（－14）μm、長さ 13－17 μm、突起の長さ 15－23 μm

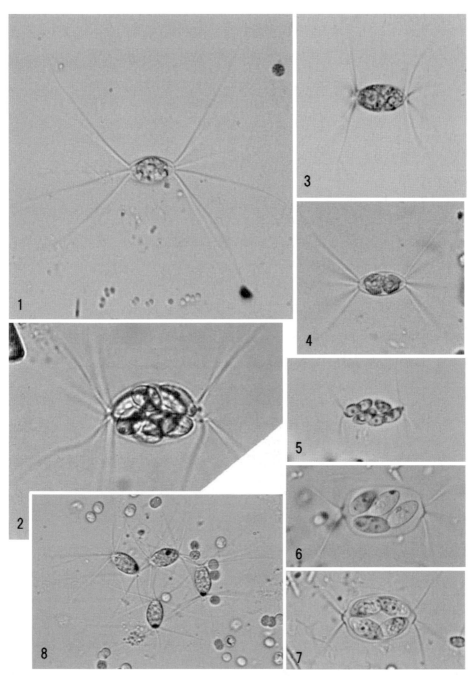

Plate 53　Chodatella　(Figs.1～8.　×1000)
1～2.　*Chodatella longiseta*（p. 103）（2：自生胞子形成）
3～5.　*C. ciliata*（p. 103）（5：自生胞子形成）
6～7.　*C. citriformis*（p. 103）（6,7：自生胞子形成）　　（8：自生胞子）

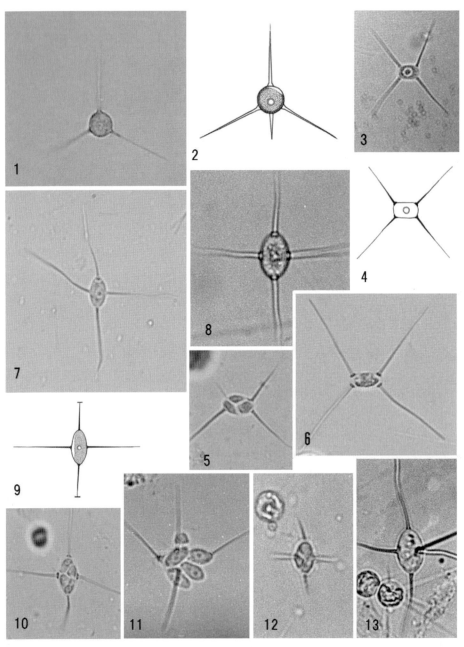

Plate 54　Chdatella　(Figs.1〜13.　×1000)
1〜2.　*Chodatella chodatii*（p. 102）
3〜6.　*C. genevensis*（p. 103）（5：自生胞子形成）
7〜12.　*C. wratislawiensis*（p. 103）（10〜12：自生胞子形成）
13.　　*C. marssonii*（p. 103）

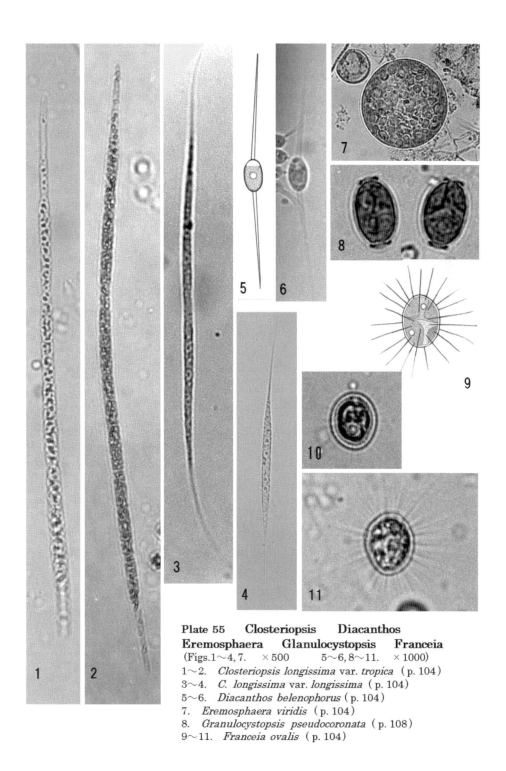

Plate 55　Closteriopsis　Diacanthos
Eremosphaera　Glanulocystopsis　Franceia
(Figs.1〜4, 7.　×500　　5〜6, 8〜11.　×1000)
1〜2.　*Closteriopsis longissima* var. *tropica*（p. 104）
3〜4.　*C. longissima* var. *longissima*（p. 104）
5〜6.　*Diacanthos belenophorus*（p. 104）
7.　*Eremosphaera viridis*（p. 104）
8.　*Granulocystopsis pseudocoronata*（p. 108）
9〜11.　*Franceia ovalis*（p. 104）

グラヌロキスチス属　*Granulocystis*

単細胞性で、浮遊性。細胞は卵型ないし楕円形。細胞壁には不規則に散在する顆粒や刺状突起がある。母細胞壁の変化した寒天質状の粘質鞘に包まれた群体状になっていることが多い。葉緑体は1個で、細胞壁に沿って薄板状でピレノイドがないものもある。

1.　*Granulocystis helenae* HINDÁK　　　　　　　　　　　　（ Plate 62　Figs. 8－10 ）

細胞壁には顆粒が散在しているが肥厚部はない。葉緑体は細胞壁に沿って湾曲した薄板状。ピレノイドがある。細胞の径 3－9（－11）μm、長さ 6－16 μm

グラヌロキストプシス属　*Granulocystopsis*

単細胞性で、浮遊性。細胞はやや細長い楕円形で、両端は截形で細胞壁が肥厚していることがある。両端と中央部の赤道面を取り巻く顆粒の列がある。母細胞壁の変化した粘質鞘に包まれた群体になることも多い。葉緑体は1〜2個で、それぞれに1個のピレノイドがある。

1.　*Granulocystopsis pseudocoronata* (KORSCHIKOFF) HINDÁK

（ Plate 55　Figs. 8 ）

両端の部分には冠状になった顆粒の環がある。葉緑体は1〜2個。
細胞の径 5－8（－12）μm、長さ 9－14（－18）μm

ヒアロラフィジウム属　*Hyaloraphidium*

単細胞性で、浮遊性。葉緑体はなく、細胞は青白色をしている。細胞は細長い紡錘形や針状で両端は尖っている。全体は螺旋状にねじれている。

1.　*Hyaloraphidium contortum* PASCHER & KORSCHIKOFF （ Plate 56　Figs. 9 ）
細胞の径 1－3 μm、両端の間隔 15－85 μm

キルクネリエラ属　*kirchneriella*

群体性で浮遊性。4, 8, 16, 32 個の細胞が、球形や楕円形の透明な粘質鞘で包まれた群体をつくる。細胞は三日月型や鎌形で、両端は細くて尖っているものと丸いものがある。Uの字形に曲がったり、強くねじれるものもある。葉緑体は1個、薄板状で外側の細胞壁に沿って湾曲し、1個のピレノイドがある。無性生殖は、群体内のそれぞれの細胞が水平または斜めに分裂して自生胞子が形成される。アンキストロデスムス属 *Ankistrodesmus* (p.102)、セレナストルム属 *Selenastrum* (p.117) に形の似たものがある。白幡沼では10種が観察された。

1.　*Kirchneriella aperta* TEILING　　　　　　　　　　　（ Plate 56　Figs. 6－7 ）

細胞は扁平で幅の広い三日月形。外側は丸く、内側はV字型に凹み、両端は丸い。細胞の径 6－12 μm、両端の間隔は、6－15 μm　*K. obesa* に似ているが、*obesa* は内側がU字型に凹む。

2.　*Kirchneriella arcuata* G.M.SMITH　　　　　　　　　（ Plate 56　Figs. 8 ）

細胞は小さく、幅の狭いわずかに湾曲した三日月形。両端は細くなっているが尖ってはいない。

細胞の径（1−）2.5−5 μm、長さ 8−18 μm

3.　*Kirchneriella contorta* (SCHMIDLE) BOHLIN var.*contorta*

（ Plate 57　Figs. 5 ）

　細胞は細い円柱状で、強く湾曲したり螺旋状にねじれ、両側はほぼ平行で両端は丸い。

細胞の径 1−3 μm、長さ 8−14 μm

4.　*Kirchneriella contorta* (SCHMIDLE) BOHLIN var.*gracillima* (BOHLIN) CHODAT

（ Plate 57　Figs. 6−7 ）

　細胞は非常に細長い円柱状で、強く湾曲したり螺旋状や不規則にねじれている。両端は円頭形。

細胞の径は 0.6−1.3 μm、長さ 8−12 μm

5.　*Kirchneriella danubiana* HINDÁK　　　　　（ Plate 57　Figs. 1−2 ）

　細胞は湾曲した三日月形またはソーセージ型で、両端は円頭形。幅 4−5 μm、長さ 7−16 μm

6.　*Kirchneriella dianae* (BOHLIN) COMAS　　　（ Plate 57　Figs. 3−4 ）

　細胞は扁平かわずかにねじれていて、強く湾曲した三日月形。先端は尖り、両端が接触するぐらい湾曲するものもある。細胞の径 3−5 μm、長さ 10−21 μm

7.　*Kirchneriella irregularis* (SMITH) KORSCHIKOFF　　（ Plate 57　Figs. 8−15 ）

　細胞は三日月形で、両端は細く尖る。細胞はねじれていて、両端は異なった方向に向いている。

細胞の径 4−6 μm、長さ 6−13 μm

8.　*Kirchneriella lunaris* (KIRCHNER) MOEBIUS　　　（ Plate 58　Figs. 1−2 ）

　細胞は強く湾曲し丸い。両端は次第に細くなり、先は尖っている。両端は近づくか交差するものもある。細胞の径 3−8 μm、長さ 6−15 μm

9.　*Kirchneriella microscopica* NYGAARD　　　　（ Plate 58　Figs. 3 ）

　細胞は小さく半円形に湾曲している。両端は次第に細くなるが、先は尖らない。

細胞の径 1−2 μm、長さ 4−7 μm、細胞の両端の間隔 2−5 μm

10.　*Kirchneriella obesa* (W.WEST) SCHMIDLE　　　（ Plate 56　Figs. 1−5 ）

　細胞は幅が広く両端は丸い。細胞は強く湾曲して丸く、内側はU字型に凹む。両端は丸い。

K. aperta と似ているが、*aperta* の内側は V 字形に凹んでいる。また、*K. lunaris* とも似ているが、本種は両端が丸い。細胞の径 3−8 μm、長さ 6−16 μm

モノラフィジウム属　*Monoraphidium*

　単細胞性で、浮遊性。細胞は針型や細長い紡錘形で、まっすぐなものや弓形でねじれたものがある。細胞の両端は次第に細くなり、先は尖っている。葉緑体は 1〜数個、薄板状で多くはピレノイドがない。無性生殖は、細胞が縦に分裂して娘細胞を形成する。

1.　*Monoraphidium caribeum* HINDÁK　　　　　（ Plate 59　Figs. 10 ）

109

細胞は細長い紡錘形で 細胞の両端は次第に細くなり、先は尖っている。全体は弓型から半円弧状に湾曲し、ややねじれる。葉緑体は1個の薄板状で、ピレノイドはない。

細胞の径 2－4 μm、長さ 20－35 μm

2. *Monoraphidium circinale* (NYGAARD) NYGAARD （ Plate 60　Figs. 5－7 ）

細胞は湾曲した紡錘形で、両端は次第に細くなり先は尖っている。全体は弓型から半円状に湾曲し、ややねじれる。葉緑体は1個の薄板状で、ピレノイドはない。

細胞の径 2.5－5（－8）μm、長さ 6－17 μm

3. *Monoraphidium contortum* (THURET) KOMÁRKOVÁ-LEGNEROVÁ

（ Plate 59　Figs. 1－6 ）

細胞はS字状や螺旋状にねじれている。葉緑体は 2 個でピレノイドはない。

細胞の径 1－3 μm、両端の間隔（ 10－）16－28（－35 ）μm

4. *Monoraphidium griffithii* (BERKELEY) KOMÁRKOVÁ-LEGNEROVÁ

（ Plate 60　Figs. 2－4 ）

細胞はまっすぐな細長い紡錘形。両端は次第に細くなり、先は尖る。

細胞の径 2 μm、長さ 40－68 μm

5. *Monoraphidium indicum* HINDÁK. （ Plate 59　Figs. 7－9 ）

細胞は細く、非常に長い紡錘形。弓形に湾曲しわずかにねじれていて、先端に行くにつれ細くなり先は尖る。細胞の径（ 1.5－）3－5 μm、長さ 120－260 μm

6. *Monoraphidium irregulare* (SMITH) KOMÁRKOVÁ-LEGNEROVÁ

（ Plate 59　Figs. 11－12 ）

細胞は細長い紡錘形で、全体は S 字形、波形ないし 1～2 回螺旋状にねじれている。細胞の両端は次第に細くなり先は尖っている。葉緑体は1個の薄板状で青緑色。細胞の両端までは達しない。ピレノイドはない。細胞の径 1.5－5 μm、両端の間隔 18－60 μm、螺旋の幅は 4－32 μm

7. *Monoraphidium litorale* HINDÁK （ Plate 60　Figs. 1 ）

細胞は細い紡錘形で、細胞の両端は次第に細くなり先は尖っている。まっすぐかやや弓形に湾曲している。葉緑体は1個の長い薄板状で、1個のピレノイドがある。

細胞の径 2－6 μm、長さ 22－43（－65）μm

8. *Monoraphidium minutum* (NÄGELI) KOMÁRKOVÁ-LEGNEROVÁ

（ Plate 58　Figs. 6 ）

細胞は紡錘形で、三日月型または鎌形で少しねじれている。両端は円頭形。葉緑体は1個でピレノイドはない。細胞の径 3－7 μm、長さ 6－7（－16 ）μm

9. *Monoraphidium* sp. （ Plate 58　Figs. 7－8 ）

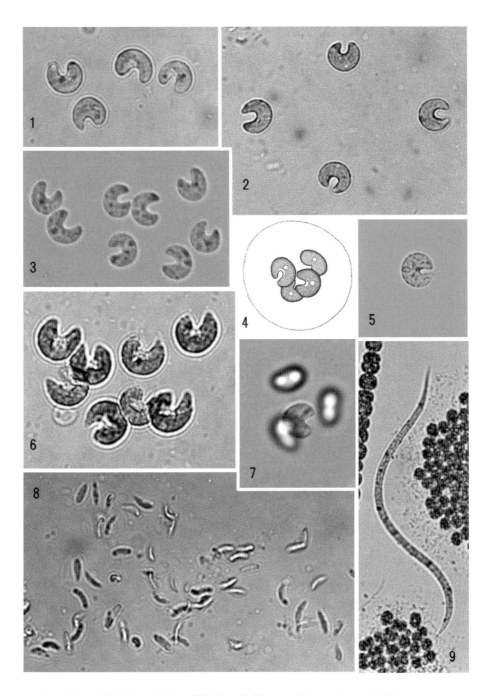

Plate 56　Kirchneriella　Hyaloraphdium　(Figs.1〜9.　×1000)
1〜5. *Kirchneriella obesa* (p. 109)　　6〜7. *K. aperta* (p. 108)
8. *K. arcuata* (p. 108)　　　　　　9. *Hyaloraphidium contortum* (p. 108)

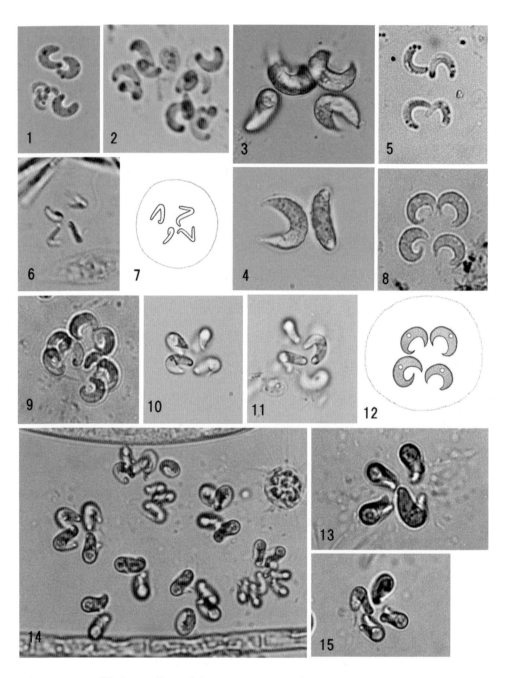

Plate 57　Kirchneriella　(Figs.1〜15.　×1000)
1〜2.　*Kirchneriella danubiana* (p. 109)　(1：自生胞子形成)
3〜4.　*K. dianae* (p. 109)　　　　5.　*K. contorta* var. *contorta* (p. 109)
6〜7.　*K. contorta* var. *gracillima* (p. 109)
8〜15.　*K. irregularis* (p. 109)　(14：自生胞子形成)

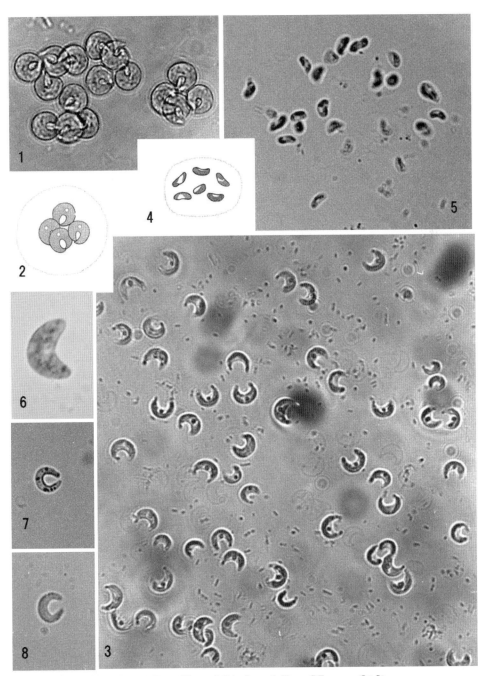

Plate 58 Kirchneriella Pseudokirchneriella Monoraphidium
(Figs. 1～8. ×1000)
1～2. *Kirchneriella lunaris* (p. 109)　　　3. *K. microscopica* (p. 109)
4～5. *Pseudokirchneriella phaseoliformis* (p. 117)
6. *Monoraphidium minutum* (p. 110)　　7～8. *M.* sp. (p. 110)

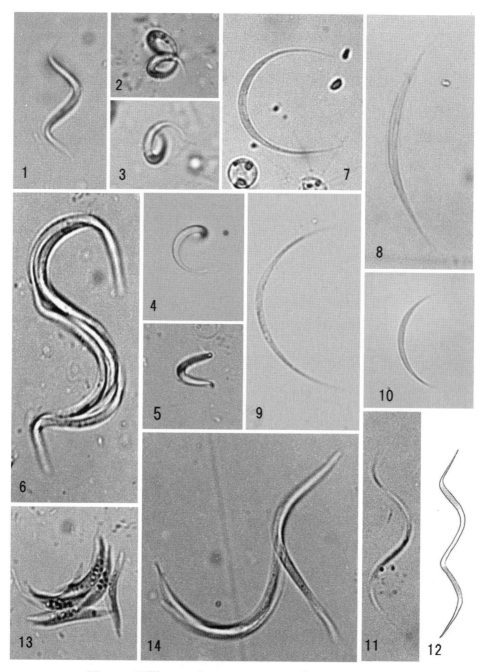

Plate 59　Monoraphidium　(Figs.1～14.　×1000)
1～6.　*Monoraphidium contortum*（p.110）（6：自生胞子形成）
7～9.　*M. indicum*（p.110）（8：自生胞子形成）　　10.　*M. caribeum*（p.109）
11～12.　*M. irregulare*（p.110）（13, 14：自生胞子形成）

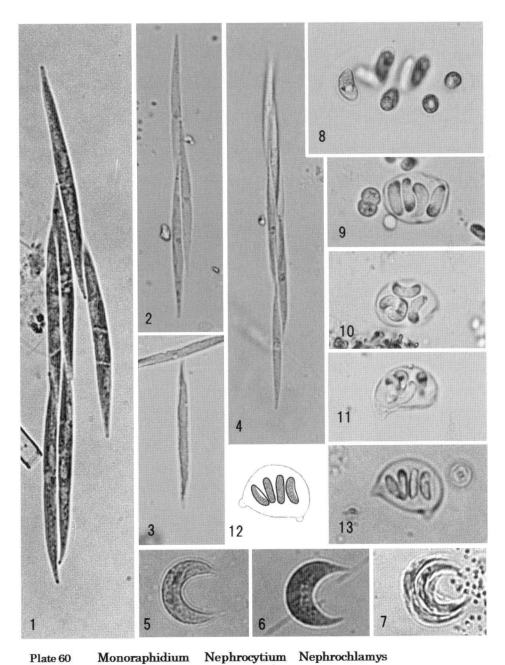

Plate 60　Monoraphidium　Nephrocytium　Nephrochlamys
(Figs. 1〜7, 9〜13　×1000　　8. ×700)
1. *Monoraphidium litorale* (p. 110)
2〜4. *M. griffithii* (p. 110) (2, 4：自生胞子形成)
5〜7. *M. circinale* (p. 110) (7：自生胞子形成)
9〜10. *Nephrochlamys subsolitaria* (p. 116)

8. *Nephrocytium shilleri* (p. 116)
11〜13. *N. allanthoidea* (p. 116)

ネフロクラミス属　*Nephrochlamys*

群体性で浮遊性。細胞は湾曲した三日月形または鎌形で、両端は丸くなっている。2, 4, 8個の細胞が、大きく膨らんで形のはっきりした母細胞壁に包まれて群体状になっている。葉緑体は1個、薄板状で細胞壁に沿って湾曲し、ピレノイドはない。ネフロキチウム属 *Nephrocytium*（p.116）とよく似ているが、ネフロクラミス属 *Nephrochlamys* の方は、母細胞壁が粘質化しているが、細胞の形がはっきり残っている。

1.　*Nephrochlamys alllanthoidea* KORSCHIKOFF　（ Plate 60　Figs. 11－13 ）

本種は *N. subsolitaria* に似るが、母細胞壁の両端が乳頭状に突き出ている。
細胞の径 2－2.5 μm、長さ 8.5－10 μm、群体の長さ（15－）20 μm

2.　*Nephrochlamys subsolitaria* (G.W. WEST) KORSCHIKOFF

（ Plate 60　Figs. 9－10 ）

群体は、大きく膨らんだ母細胞壁に密に包まれている。細胞は三日月形ないし鎌型で両端は丸く、一端が他端より細くなっていることがある。細胞の径（2－）4－6.5 μm、長さ 10－13 μm

ネフロキチウム属　*Nephrocytium*

群体性で浮遊性。細胞はやや湾曲した楕円形や腎臓形で、両端は円頭形か細く尖っている。2, 4, 8 または 16 個の細胞が集まって母細胞壁の変化した楕円形や球形の透明で均質な寒天質状の粘質鞘に包まれている。複合群体をつくっていることもある。葉緑体は1個、細胞壁に沿って湾曲した薄板状で、1～数個のピレノイドがある。

ネフロクラミス属 *Nephrochlamys* によく似ているものがあるが、群体を包む粘質鞘は柔らかく楕円形や球形で、母細胞とは異なった形に変化している。

1.　*Nephrocytium shilleri* (KAMMERER) COMAS　（ Plate 60　Figs. 8 ）

4, 8 または 16 細胞からなる群体で、球形ないし楕円形の、やや硬い寒天質状の粘質鞘に包まれている。若い群体の細胞は、正面観は曲がった細長い三日月形で両端は細くて丸い。側面観は細くてまっすぐな円柱状であるが、成長した群体の細胞の正面観は曲がった幅の広い三日月形で両端は円頭形。葉緑体は1個で薄板状、1個の大きなピレノイドがある。
細胞の正面観では径 5－10 μm、長さ（8－）13－25 μm

オオキスチス属　*Oocystis*

単細胞のこともあるが、母細胞壁が膨らんだ厚い粘質膜に包まれて、4～8 個の細胞が群体状になっていることが多い。粘質膜は固く母細胞の形をとどめている。細胞は紡錘形か楕円形で、両端に肥厚部や乳頭状の突起をもつものもある。葉緑体は1～数個、細胞壁に沿って湾曲した薄板状や小さな円盤状。それぞれに1個のピレノイドがある。

1. *Oocystis borgei* SNOW （ **Plate 61　Figs. 6－7** ）

　2, 4, 8 個の細胞が、膨らんだ母細胞壁に包まれて群体状になっているが、まれに単細胞のことがある。細胞は幅の広い楕円形で、両端は丸い。葉緑体は 1～4 個で薄板状。それぞれに 1 個のピレノイドがある。細胞の径 9－13 μm、長さ 9－17 μm

2. *Oocystis marssonii* LEMMERMANN （ **Plate 61　Figs. 1－3** ）

　2, 4, 8 個の細胞が、膨らんだ母細胞壁に包まれて群体状になっている。細胞は楕円形ないし広楕円形で、両端は細胞壁が肥厚しやや突出している。母細胞壁も同様に両端が突出している。葉緑体は 1～4 個で薄板状。それぞれに 1 個のピレノイドがある。

細胞の径 8－16 μm、長さ 12－18 μm

3. *Oocystis parva* W.& G.S.WEST. （ **Plate 61　Figs. 4－5** ）

　4, 8 個の細胞が、膨らんだ母細胞壁に包まれて群体状になっている。細胞は幅の広い紡錘形ないしは楕円形で、両端はわずかに突出している。葉緑体は細胞壁に沿った薄板状で、1～3 個。それぞれに 1 個のピレノイドがある。細胞の径 4－7 μm、長さ 6－12 μm

4. *Oocystis* sp.1 （ **Plate 61　Figs. 8－11** ）

5. *Oocystis* sp.2 （ **Plate 61　Figs. 12－13** ）

パキクラデラ属　*Pachycladella*

　単細胞性で、浮遊性。細胞はほぼ球形で、周りにはほぼ一平面上に透明で太くて長い針状突起が伸びていて、突起の先端は截頭形。葉緑体は 1 個、杯状で 1 個のピレノイドがある。

1. *Pachycladella umbrina* (G.M.SMITH) SILVA （ **Plate 63　Figs. 1－2** ）

　細胞は球形ないしほぼ四辺形。細胞の径 7.5－13 μm、針状突起の長さ 19－32 μm

プセウドキルクネリエラ属　*Pseudokirchneriella*

　単細胞性で、浮遊性。細胞は三日月型や鎌形。細胞の両端は尖っているか丸い。多数の細胞が集まって透明な鞘で包まれている。葉緑体は 1 個、薄板状で細胞壁に沿って湾曲し、ピレノイドはない。キルクネリエラ属 *Kirchneriella* (p.108) に似ているが、本属にはピレノイドはない。

1. *Pseudokirchneriella phaseoliformis* (HORTOBAGYI) HINDÁK

（ **Plate 58　Figs. 4－5** ）

　細胞は短くてやや湾曲した幅の広い半月型で、ほぼまっすぐかやや曲がる。両端へ細くなり、先は丸い。葉緑体は細胞の膨らんだ側の細胞壁に接している。

細胞の径 1.4－2 μm、細胞の長さ 3.5－4.5 (－6) μm

セレナストルム属　*Selenastrum*

　群体性で浮遊性。細胞は湾曲した三日月型や鎌形で先端は尖る。2 細胞が背面で接着した小細胞群が、多数集まって密集した大きな群体を形成している。周りに粘質鞘はない。葉緑体は 1 個

で細胞壁に沿った薄板状。ピレノイドは 1 個。

1. *Selenastrum bibraianum* REINSCH （ Plate 62　Figs. 1−3 ）

細胞は幅の広い三日月形または鎌型で、両端は細くなり尖っている。湾曲した細胞が相互に背面で接着している。ふつうは 4 または 8 細胞が規則正しく二段に配列しているが、多数の細胞からなる群体ではこの配列は乱れていることが多い。細胞の径 5−8 μm、細胞の長さ 16−38 μm

シデロケリス属　*Siderocelis*

単細胞性で、浮遊性。細胞は楕円形で先は丸くなっている。細胞壁が厚く、表面には不規則な大きさの顆粒模様が散在する。細胞の周りには、母細胞壁の変化した透明な粘質鞘がある。葉緑体は 1〜4 個で、細胞壁に沿って湾曲した薄板状。それぞれに 1 個のピレノイドがある

1. *Siderocelis ornata* (FOTT) FOTT （ Plate 62　Figs. 4−7 ）

細胞は楕円形。葉緑体は 1〜4 個。細胞の径 4−10 μm、細胞の長さ 8−14 μm

トレウバリア属　*Treubaria*

単細胞性で、浮遊性。細胞は角のない四面体や球形で周りは厚い透明な被鞘で包まれている。その被鞘の各頂端から、透明で長く太い針状突起が放射状に伸びている。葉緑体は杯状で、1 個ピレノイドがある。

1. *Treubaria reymondii* YAMAGISHI （ Plate 63　Figs. 3−4 ）

細胞はわずかに角張った球形。細胞の周りには、太くて短い 3 本の刺状突起が同一平面上に伸びている。突起は先に行くにつれて細くなるが先端は丸い。
細胞の径 9.5−18 μm、針状突起の長さ 20−27 μm

2. *Treubaria schmidlei* (SCHRÖDER) FOTT & KOVÁCIK （ Plate 63　Figs. 5−7 ）

細胞は角が丸みをおびた四面体または球形。この種は *T. triappendiculata* にきわめて似る。
細胞の径 6−15 μm、針状突起の長さ 10−40 μm

3. *Treubaria triappendiculata* BERNARD （ Plate 63　Figs. 8−12 ）

細胞はふつう 4 個の角のあるピラミッド型、まれに 4 個以上の角をもち、4 本または 4 本以上の多数の突起をもつものや、扁平で突起が平面上に並んでいるものもある。細胞の角は広円頭形で、側面はやや凹む。細胞の径 6−12 μm、針状突起の長さ 14−40 μm

トロキスキア属　*Trochiscia*

群体性で浮遊性。細胞は球形で細胞壁は厚く、表面には多数の刺状やいぼ状の突起や網目状の隆起線模様がある。葉緑体は 1 ないし数個で薄板状や円盤状で、多孔質の塊状で表面観では網目状のものがある。ピレノイドはないものもある。

1. *Trochiscia aciculifera* (LAGERHEIM) HANSGIRG （ Plate 64　Figs. 1−6 ）

表面に多数の短い刺状突起が密生している。細胞の径 9−33 μm

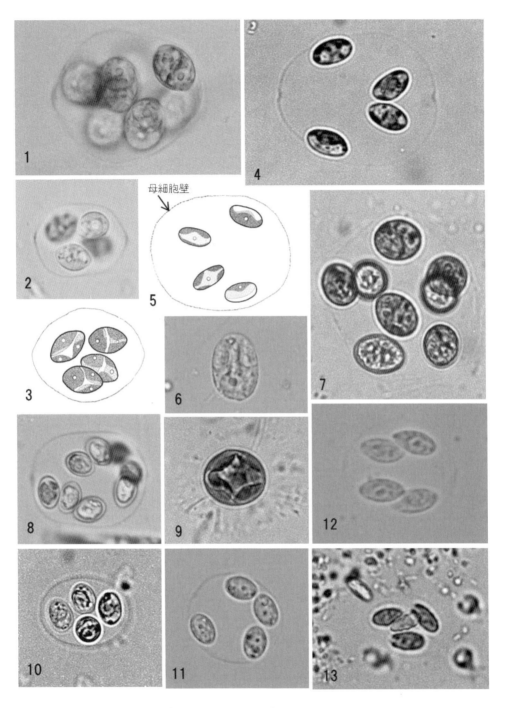

Plate 61　Oocystis　(Figs.1〜13.　×1000)
1〜3. *Oocystis marssonii*（p. 117）　　　4〜5. *O. parva*（p. 117）
6〜7. *O. borgei*（p. 117）　　　8〜11. *O.* sp. 1（p. 117）
12〜13. *O.* sp.2（p. 117）

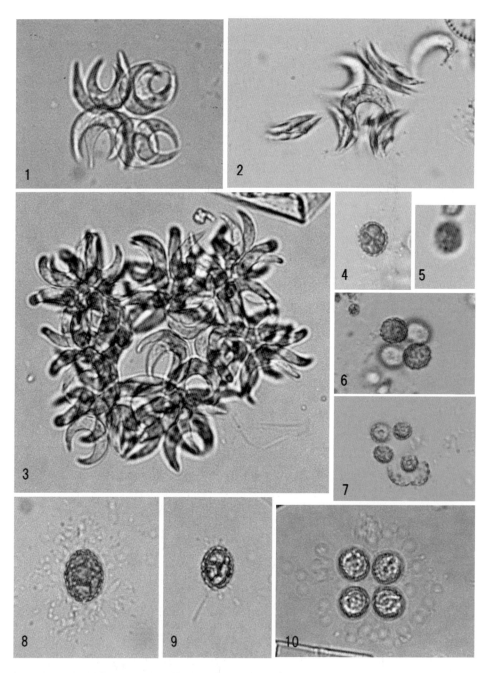

Plate 62　Selenastrum　Siderocelis　Granulocystis　(Figs. 1〜10.　×1000)
1〜3.　*Selenastrum bibraianum*（p. 118）（2：自生胞子形成）
4〜7.　*Siderocelis ornata*（p. 118）（5：表面観　7：母細胞壁が裂開して自生胞子が出る）
8〜10.　*Granulocystis helenae*（p. 108）

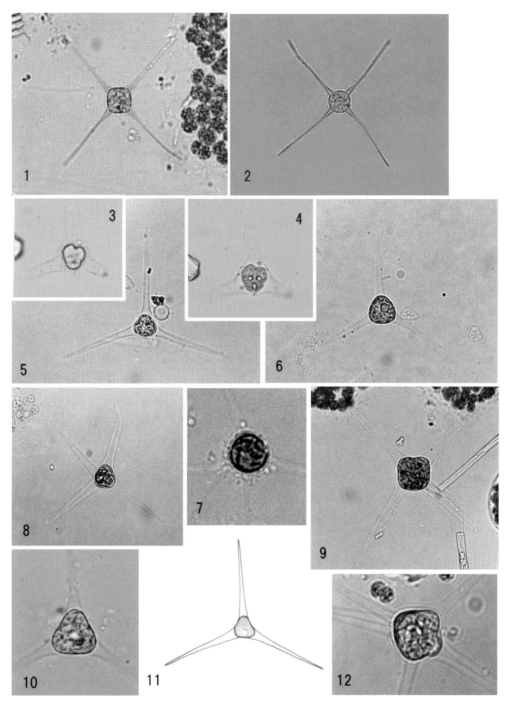

Plate 63 Pachycladella Treubaria (Figs.1〜6,8〜9,11. ×500 7,10,12. ×1000)
1〜2. *Pachycladella umbrina* (p. 117)　　3〜4. *Treubaria reymondii* (p. 118)
5〜7. *T. schmidlei* (p. 118)　　8〜12. *T. triappendiculata* (p. 118)

ラジオコックス科　Radiococcaceae

　群体性で浮遊性。球形や卵型の細胞が、球形の粘質鞘に包まれた群体。群体内の細胞を連結する糸状構造はないが、細胞の周りの粘質鞘内に放射状の糸状構造があるものや、母細胞壁の残さが残っているものがある。細胞壁に刺状突起はない。

コエノクロリス属　Coenochloris

　群体性で浮遊性。細胞は球形や卵型で、密集した 4, 8, 16 個の娘群体由来の細胞が小細胞群をつくり、それが透明な粘質鞘に包まれている。小細胞群の周りには、母細胞壁の断片が残る。葉緑体は 1 個で薄板状。ピレノイドのないものもある。

1.　*Coenochloris piscinalis* FOTT　　　　　　　　　　　　　　（ **Plate 65**　**Figs. 6** ）

　4, 8 個の球形の細胞が密着して小群体をつくり、それらが透明な粘質鞘に包まれている。小群体の周りには、母細胞壁の断片が残る。葉緑体は 1 個で、ピレノイドが 1 個ある。

細胞の径 7−10 μm

2.　*Coenochloris pyrenoidosa* KORSCHIKOFF　　　　　　　（ **Plate 65**　**Figs. 2−5** ）

　細胞は球形で、4 または 8 個で小群体をなし、粘質鞘に包まれている。粘質鞘の中の自生胞子の周りには、杯状の母細胞壁の断片が見られる。葉緑体は 1 個で杯状　ピレノイドが 1 個ある。

細胞の径 2−9 μm

コエノキスチス属　Coenocystis

　群体性で浮遊性。細胞は球形や両端が丸い紡錘形。単独や、4 個、8 個の細胞が透明な粘質の鞘の中に散在している。葉緑体は 1 個で杯状。ピレノイドは 1 個。若い娘細胞群の周りには母細胞壁の断片が残る。

1.　*Coenocystis planctonica* KORSCHIKOFF　　　　　　　　（ **Plate 65**　**Figs. 1** ）

　4〜8 個の卵型の細胞が、球形で透明な粘質性の鞘に包まれている。葉緑体は細胞の片側に沿った薄板状で、1 個のピレノイドがある。細胞の径 8−9 μm、長さ 10−11 μm

ジプロクロリス属 Diplochloris

　2〜16 個の細胞からなる群体で、全体ははっきりしない透明で均質な粘質鞘で包まれている。細胞は、湾曲した三日月型や紡錘形で、両端は丸いか尖る。2 個の娘細胞が基部で粘質化した母細胞壁に付着した群体をつくる。葉緑体は 1 個、細胞壁に沿って湾曲した薄板状。ピレノイドはない。

1.　*Diplochloris lunata* (FOTT) FOTT　　　　　　　　　　　（ **Plate 64**　**Figs. 7−8** ）

　細胞は、側面は三日月型、正面観は紡錘形で両端は円頭形。葉緑体は 1 個、細胞壁に沿って湾曲した薄板状。ピレノイドはない。細胞の径 1−3 μm、長さ 4−11 μm

ネオキスチス属 *Neocystis*

群体性で浮遊性。細胞は球形や楕円形。4 個または多数の細胞が透明な粘質の鞘に包まれている。細胞群の周りには母細胞壁の断片が残っている。葉緑体は 1 個、細胞壁に沿って湾曲した薄板状でピレノイドはない。

1. *Neocystis subglobosa* HINDÁK　　　　　　　　　　　　（ Plate 65　Figs. 7－8 ）

　細胞はほぼ球形で密接している。細胞の径（4－）7 µm

ラジオコックス属 *Radiococcus*

群体性で浮遊性。細胞は球形で、密接した 4, 8, 16 個の細胞が透明な粘質鞘に包まれている。粘質鞘の中では 4 個の娘細胞が密接して四面体状に配列し、その周りから放射状に伸びた細かい糸状構造をもつものが多い。葉緑体は 1 個で杯状、ピレノイドが 1 個ある。

1. *Radiococcus nimbatsu* (DE WILDEMAN) SCHMIDLE　　（ Plate 64　Figs. 9－10 ）

　4, 8 細胞がピラミッド型に配列している。透明な粘質鞘の中の細胞群の周りに放射状に配列した細かい糸状構造をもつ。細胞の径（6－）10－13 µm

ミクラクチニウム科　Micractiniaceae

細胞は球形や楕円形で、周りに放射状に伸びる多数の細長い刺状突起がある。葉緑体は 1 個で杯状や細胞壁に沿って湾曲した薄板状。多くは 1 個のピレノイドがある。

アカントスファエラ属 *Acanthosphaera*

単細胞性で浮遊性。細胞は球形で、周りには放射状に伸びる長い刺状突起がある。突起の基部は太くなっている。葉緑体は 1 個で杯状。ピレノイドは 1 個。

1. *Acanthosphaera zachariasii* LEMMERMANN　　　　　　（ Plate 66　Figs. 7 ）

　刺状突起は、基部より全体の長さの 1/5～1/3 ほどが太くなっている。
細胞の径 8－15 µm、　刺状突起の長さ 25－35 µm

ゴレンキニア属 *Golenkinia*

単細胞性で浮遊性。細胞は球形で、細胞の中央には大きな空胞がある。周りには長い放射状に伸びる刺状突起が多数ある。突起の基部は太くなっていない。葉緑体は 1 個で細胞壁に沿って湾曲した薄板状。ピレノイドは 1 個。

1. *Golenkinia longispina* KORSCHIKOFF　　　　　　　　（ Plate 66　Figs. 6 ）

　細胞は球形で周りに長くまばらな刺状突起をもつ。細胞中央に空胞はない。葉緑体は 1 個で杯状、1 個のピレノイドをもつ。細胞の径（6－）11 µm、　刺状突起の長さ（40－）65 µm

2. *Golenkinia paucispina* W.&G.S.WEST　　　　　　　　（ Plate 66　Figs. 4－5 ）

　細胞は球形で周りに短くて透明な刺状突起がある。葉緑体は 1 個で大きな杯状　ピレノイドは 1 個。細胞の径 8－19 µm、　刺状突起の長さ 8－16 µm

3. *Golenkinia radiata* CHODAT （ **Plate 66　Figs. 1－3** ）

　細胞は球形で表面に細長く透明な針状突起が多数ある。葉緑体は 1 個で杯状。1 個のピレノイドをもつ。単細胞性であるが、自生胞子が一時的な群体状をなすことがある。(Plate. 66　Fig. 3)
細胞の径 7－15 μm 、刺状突起の長さ 24－45 μm

ミクラクチニウム属 *Micractinium*

　群体性で浮遊性。細胞は球形や楕円形。それぞれの細胞の外側には放射状に伸びる長い 2～3 本の刺状突起がある。4 個の細胞が四辺形や四面体状に密接して配列した小群体をつくり、それが単位となって多数の小群体が接着した複合群体を形成する。葉緑体は 1 個で杯状。ピレノイドは 1 個。

1. *Micractinium appendiculatum* KORSCHIKOFF （ **Plate 67　Figs. 5** ）

　細胞は楕円形ないし卵型。群体は、4 細胞が方向をそろえて側縁で接着し、さらにそれらがロの字型に接着し、16 細胞の群体を形成する。中央には隙間がある。それぞれの細胞には外側に放射状に伸びる長い刺状突起がある。細胞の径 （4－）8 μm、　刺状突起の長さ 28－70 μm

2. *Micractinium pusillum* FRESENIUS （ **Plate 67　Figs. 1－3** ）

　群体は、4 細胞が四面体状に接着しているが、8 細胞性のものも多い。
細胞の径 3－7 μm、細胞の外側に伸びる刺状突起の長さ 20－35 μm

3. *Micractinium quadrisetum* (LEMMERMANN) SMITH （ **Plate 67　Figs. 4** ）

　細胞は卵形ないしほぼ球形。4 細胞が十字状に平らに接着した群体をつくり、中央に隙間がある。それがさらに平面上に 4 群体並ぶ複合群体もふつうに見られる。
細胞の径 4－7 μm、　細胞の外側に伸びる刺状突起の長さ 23－50 μm

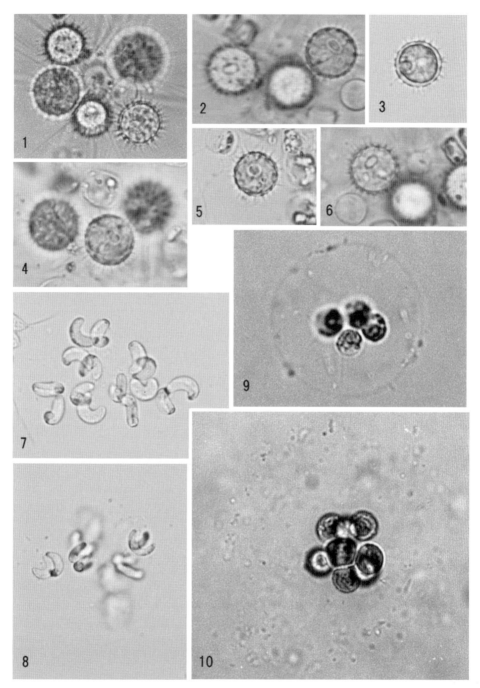

Plate 64　Trochiscia　Diplochloris　Radiococcus　(Figs. 1〜10.　×1000)
1〜6.　*Trochiscia aciculifera* (p. 118)　　7〜8.　*Diplochloris lunata* (p. 122)
9〜10.　*Radiococcus nimbatsu* (p. 123)

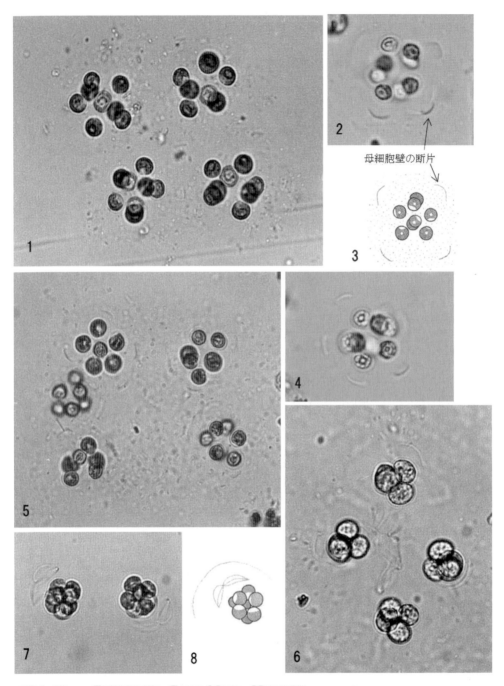

Plate 65　Coenocystis　Coenochloris　Neocystis
(Figs. 1,5,6.　×700　　2〜4, 7〜8.　×1000)
1.　*Coenocystis planctonica* (p. 122)　　2〜5.　*Coenochloris pyrenoidosa* (p. 122)
6.　*C. piscinalis* (p. 122)　　　　　　　7〜8.　*Neocystis subglobosa* (p. 123)

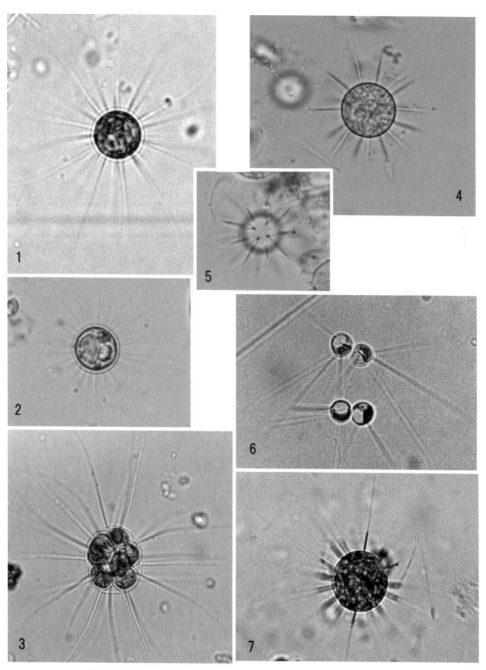

Plate 66　　Golenkinia　Acanthoshaera
(Figs. 1〜2,4〜7.　×1000　　3.　×500)
1〜3.　*Golenkinia radiata*（p. 124）（3: 自生胞子形成）
4〜5.　*G. paucispina*（p.123）　　　　6.　*G. longispina*（p.123）
7.　*Acanthosphaera zachariasii*（p.123）

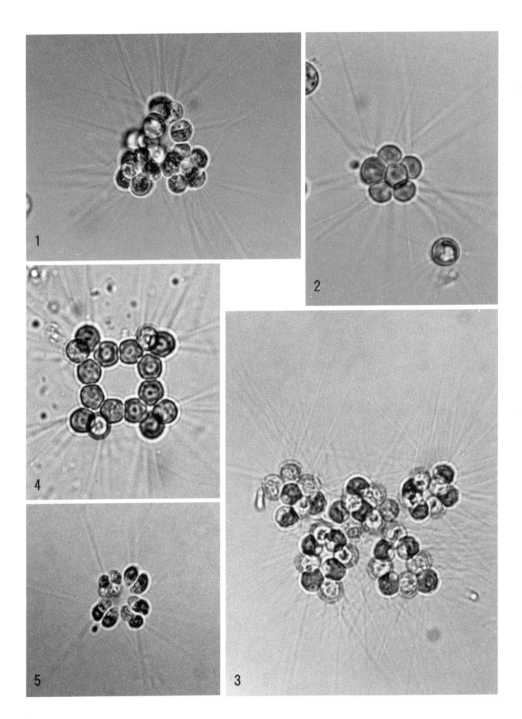

Plate 67　Micractinium　(Figs. 1〜5.　×1000)
1〜3. *Micractinium pusillum* (p. 124)　　　4. *M. quadrisetum* (p. 124)
5. *M. appendiculatum* (p. 124)

ジクチオスファエリウム科　Dictyosphaeriaceae

　細胞が4個または8個集まって母細胞壁の変化した糸状や膜状の構造体で結びついて小細胞群体をつくり、その小細胞群体が多数集まって大きな群体を形成している。群体内では小細胞群体が糸状や膜状のもので結びついて、放射状に配列したものが多い。葉緑体は、多くは杯状や薄板状で、ピレノイドがある。

ボトリオコックス属　Botryococcus

　不規則な形の群体で浮遊性。細胞は楕円形または卵型で、16，32またはそれ以上の数の細胞が、細い方を内側にして寒天質状のひもの先に放射状に密接して並び、ブドウの房のような群体をつくる。群体の外側は透明な固い寒天質の膜に包まれる。群体どうしがひも状のもので連結し、さらに大きな群体をつくる。葉緑体は1個で薄板状、ピレノイドはない。細胞内に多数の油滴やでんぷん様の顆粒をふくみ、黄褐色に見える。

1.　*Botryococcus braunii* KÜTZING　　　　　　　　　　（ Plate 68　　Figs. 1－2 ）

　細胞は卵型または楕円形。群体は透明で固い被鞘で包まれている。

細胞の径 3－6 μm、長さ 6－11 μm

2.　*Botryococcus protuberans* W. & G.S.WEST var. *minor* G.M.SMITH

（ Plate 68　　Figs. 3 ）

　細胞は卵型または楔状の卵型。群体の外側には被鞘がなく、球状の細胞端が外側に突出している。細胞の径 5－6.5 μm、長さ 8－9.5 μm

3.　*Botryococcus sudetica* LEMMERMANN　　　　　　（ Plate 68　　Figs. 4 ）

　細胞はほぼ球形で、群体は不規則な形。細胞の基部は寒天質状の被鞘で包まれているが、外側には被鞘はない。葉緑体は1個、杯状ないし薄板状で1個のピレノイドをもつ。

細胞の径 6－12 μm

ジコトモコックス属　Dichotomococcus

　群体性で浮遊性。細胞は細長い紡錘形で、外側の端は細くなり内側の端は円頭形で、湾曲した形のものもある。群体の中心から伸びる母細胞壁の変化した膜状のものの先に2細胞が対をなして付着したものが、放射状に配列して群体をつくっている。群体は粘質の鞘で包まれている。葉緑体は1個で、薄板状でピレノイドはない。

1.　*Dichotomococcus capitatus* KORSCHIKOFF　　　　（ Plate 68　　Figs. 5－7 ）

　細胞は不相称な細長い紡錘形で、やや湾曲し、側辺は不規則で、先は次第に細くなるが尖らない。細胞の径（1.5－）3－5 μm、長さ（7－）9－12 μm

2.　*Dichotomococcus curvatus* KORSCHIKOFF　　　　　（ Plate 68　　Figs. 9 ）

　細胞は細長い紡錘形でやや湾曲している。群体の中心に近い方は円頭形で、外側に面した方は次第に細くなる。葉緑体は細胞壁に沿って湾曲した薄板状。細胞の径 2－4 μm、長さ 5.5－11 μm

ジクチオスファエリウム属　*Dictyosphaerium*

群体性で浮遊性。細胞は球形や楕円形や腎臓型。4, 8, 16, 32 個の細胞が、四又分枝して放射状に伸びる寒天質の糸状体の先に付着した群体で、透明な粘質鞘に包まれている。葉緑体は 1 個で杯状。1 個のピレノイドがある。細胞は分裂して 4 個の娘細胞を形成し、新しい 4 細胞群体になる。(Plate 70　Figs. 5, 6)

1.　*Dictyosphaerium ehrenbergianum* NÄGELI　　　　　　(Plate 69　Figs. 1−4)

細胞はほぼ楕円形で、長い方の側辺の中央で群体の中心から分枝して放射状に伸びる寒天質のひも状体と付着している。細胞の径 3−7 μm、長さ 4−10 μm

2.　*Dictyosphaerium elongatum* HINDÁK　　　　　　　(Plate 69　Figs. 8−9)

細胞は長楕円形で、細胞の長い方の側辺の中央で寒天質の糸状体と付着している。

細胞の径 2−4 μm、長さ 6−9 (−12) μm

3.　*Dictyosphaerium pulchellum* WOOD　　　　　　　(Plate 69　Figs. 5−6)

細胞は球形。細胞の径 3−10 μm

4.　*Dictyosphaerium sphagnale* HINDÁK　　　　　　(Plate 69　Figs. 7)

細胞はほぼ球形。細胞の径 2−5 μm、長さ 4.5−6 μm

5.　*Dictyosphaerium tetrachotomum* PRINTZ　　　　　　(Plate 70　Figs. 1−6)

細胞はほぼ楕円形で、細胞のやや細い方の端で寒天質の糸状体と付着している。

細胞の径 (4−) 6−8 μm、長さ 6−10 μm

クアドリコックス属　*Quadricoccus*

群体性で浮遊性。細胞は楕円形や長い楕円形。4 個ずつが細胞壁の変化した膜状のものに付着して平板状に並んで群体を形成している。群体の周りは、粘質鞘で包まれている。葉緑体は 1 個で細胞壁に沿って湾曲した薄板状か杯状で、1 個のピレノイドがある。

1.　*Quadricoccus ellipticus* HORTOBAGYI　　　　　　(Plate 71　Figs. 5−7)

細胞は長い楕円形で、両端は細くなるが尖らない。細胞壁は滑らか。

細胞の径 2.5−5 μm、長さ 6−10 μm

2.　*Quadricoccus verrucosus* FOTT　　　　　　　(Plate 71　Figs. 4)

細胞は膨らんだ楕円形で両端は丸い。側縁はやや膨らんでいる。細胞壁にはまばらに散在する顆粒がある。細胞の径 4−7 μm、長さ 6−12 μm

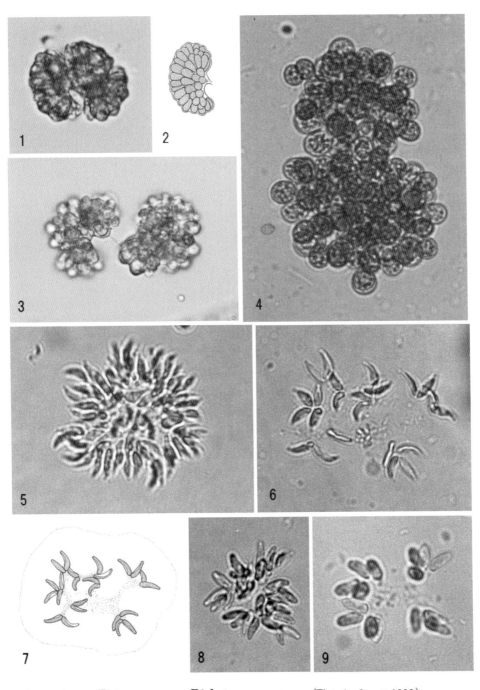

Plate 68　　**Botryococcus**　**Dichotomococcus**　(Figs. 1〜9.　×1000)
1〜2. *Botryococcus braunii* (p. 129)　3. *B. protuberans* var. *minor* (p. 129)
4. *B. sudetica* (p. 129)　5〜7. *Dichotomococcus capitatus* (p. 129)
8. *D. curvatus* (p. 129)　9. *D.* sp. (p. 130)

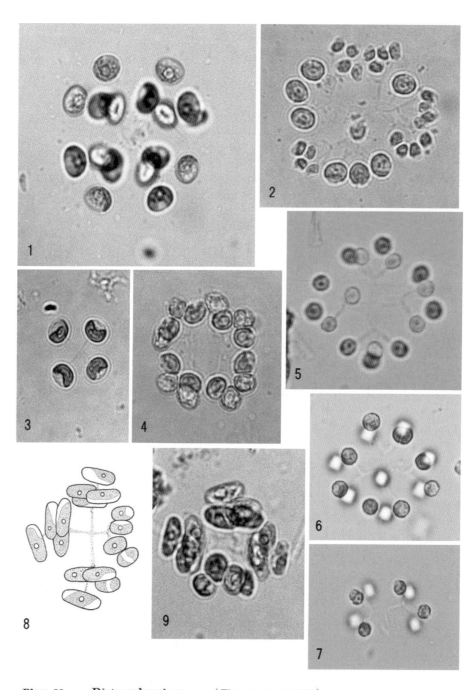

Plate 69　　Dictyosphaerium　　（Figs. 1〜9.　×1000）
1〜4.　*Dictyosphaerium ehrenbergianum*（p. 130）（4：　自生胞子形成）
5〜6.　*D. pulchellum*（p. 130）　　　　　　　7.　*D. sphagnale*（p. 130）
8〜9.　*D. elongatum*（p. 130）

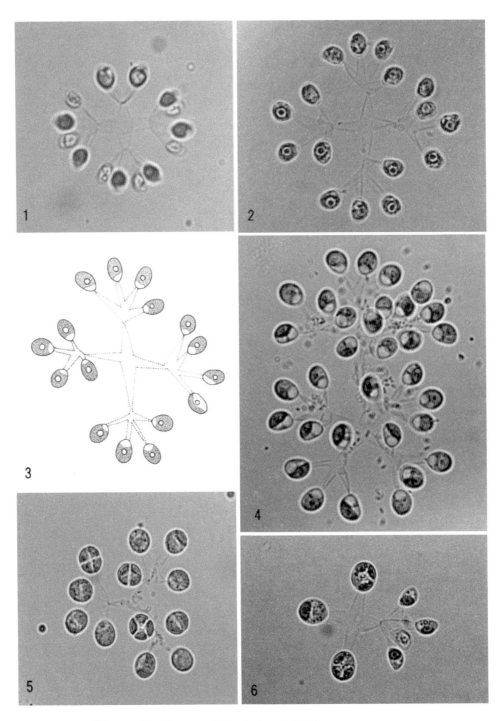

Plate 70　**Dictyosphaerium**　(Figs. 1〜6.　×1000)
1〜6.　*Dictyophaerium tetrachotomum*（p. 130）　（5, 6： 自生胞子形成）

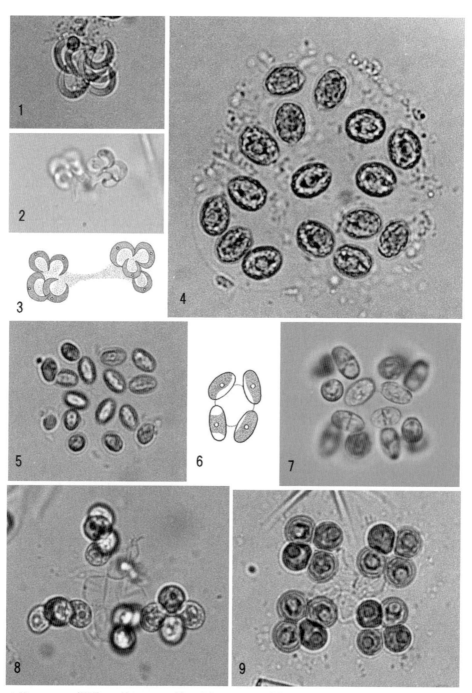

Plate 71　Selenodictyum　Quadricoccus　(Figs. 1～9.　×1000)
1～3. *Selenodictyum brasiliense* (p. 135)　　4. *Quadricoccus verrucosus* (p. 130)
5～7. *Q. ellipticus* (p. 130)　　8～9. *Westella botryoides* (p. 135)

セレノジクチウム属　*Selenodictyum*

群体性で浮遊性。細胞は湾曲した鎌形か三日月形。母細胞壁の変化した糸状体に、湾曲した内側で接着した 2 または 4 細胞の小群体が放射状に配列し、粘質鞘の表層に並んだ群体。葉緑体は 1 個で、細胞壁に沿って湾曲した薄板状で、1 個のピレノイドがある。

1.　*Selenodictyum brasiliense* UHERKOVICH & SCHMIDT （ Plate 71　Figs. 1−3 ）

細胞は湾曲した鎌形で両端は尖る。群体は薄くてはっきりしない粘質鞘に包まれている。

細胞の中央部の径 1.5−3 μm、先端の間隔は（4−）8−13 μm

ウエステラ属　*Westella*

群体性で浮遊性。細胞は球形で、4個の細胞が平面上に十文字に配列して母細胞壁の残滓に付着した小群体をつくり、それがたくさん集まり大きな群体をつくる。葉緑体は1個で杯状、1個のピレノイドがある

1.　*Westella botryoides* (W.WEST) DE WILDEMAN　　　　（ Plate 71　Figs. 8−9 ）

細胞の径 3−9 μm

スケネデスムス科　Scenedesmaceae

2, 4, 8, 16 あるいは 32 個の細胞からなる定数群体。細胞は細長い紡錘形で、一端で接着し、平板状や放射状の一定の形に配列している。細胞にはいろいろな形状の刺や長い刺状突起をもつものがある。

アクチナストルム属　*Actinastrum*

群体性で浮遊性。細胞は細長い円柱形や細長い紡錘形で、一端で接着し放射状に配列する。外側の一端は細く尖っているものが多い。葉緑体は1個で細長い薄板状、1個のピレノイドがある。

1.　*Actinastrum hantzschii* LAGERHEIM var.*hantzschii*　（ Plate 72　Figs. 1−3 ）

細胞は細長い紡錘形で外側の先は丸い。4, 8 または 16 個の細胞が一端で基質に接着して放射状に配列する。細胞の中央部の径 3−6 μm、長さ 10−26 μm

2.　*Actinastrum hantzschii* LAGERHEIM var.*fluviatile* SCHRÖDER

（ Plate 72　Figs. 4−10,13 ）

細胞は細長い紡錘形で外方の先は細く尖る。

細胞の中央部の径（ 1.5−）4−5 μm、長さ（ 18−）25−30 μm

3. *Actinastrum raphidioides* (REINSCH)BRUNNTHALER　（ Plate 72　Figs. 11−12 ）

細胞は細長い円筒形で外側は徐々に細くなって先は尖り、基部は円頭形。側辺はほぼまっすぐで平行。細胞の中央部の径 2−5 μm、長さ 10−30 μm

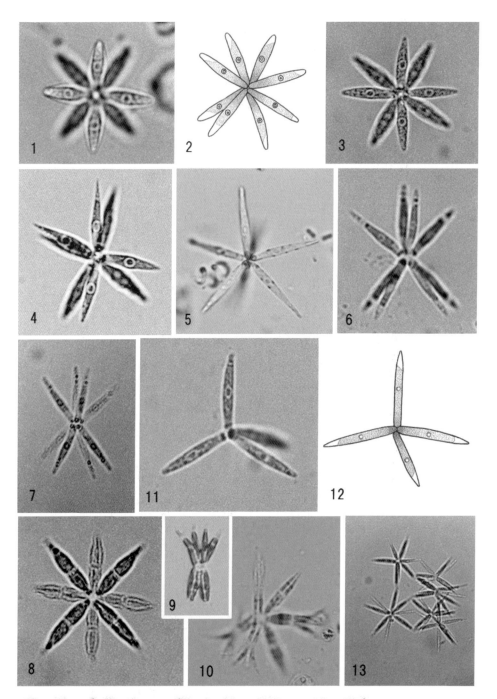

Plate 72　Actinastrum　(Figs. 1〜12　×1000　　13.　×500)
1〜3.　*Actinastrum hantzschii* var. *hantzschii* (p. 135)
4〜10, 13.　*A. hantzschii* var. *fluviatile* (p. 135)
　(8, 10：自生胞子形成　　9：自生胞子　　13：複合群体)
11〜12.　*A. raphidioides*　(p. 135)

コエラストルム属　*Coelastrum*

群体性で浮遊性。細胞は球形や多角形。群体は球形で細胞は表面に一層に並び、中は中空。各細胞は細胞壁やその表面にある突起で互いに連結している。葉緑体は1個、細胞壁に沿って湾曲した薄板状であるが、成長した細胞では細胞内に充満して見えることが多い。1個のピレノイドがある。

1.　*Coelastrum astroideum* DE NOTARIS var.*astroideum*

（ Plate 73　Figs. 5−6 ）

細胞は卵型または先端が丸くなった円錐形。細胞壁は平滑。隣接する細胞の基部で相互に接着する。群体の外側に向かって突出する細胞の先の部分では、細胞壁が厚くなっている。

細胞の径 3.5−20 μm、長さ 3.5−20 μm

2.　*Coelastrum astroideum* DE NOTARIS var.*rugosum* (RICH) SODOMKOVA

（ Plate 73　Figs. 4 ）

基本種とは、細胞壁には細かいしわ模様がある点で区別されている。

細胞の径 6−15 μm、長さ 6−17 μm

3.　*Coelastrum cambricum* ARCHER　　　　（ Plate 73　Figs. 7−10,13 ）

細胞は球形で寒天質状の被鞘で包まれている。各細胞の被鞘から 6〜7 本の短い円柱状の突起が伸び、その中の 1 本は細胞の外側に伸びている。残りの突起は隣接する細胞の突起と相互に接着して群体を形成している。細胞間には円形または三角形の隙間がある。細胞の径 6−21 μm

4.　*Coelastrum reticulatum* (DANGEARD) SENN　　（ Plate 73　Figs. 11−12 ）

細胞は球形で、5〜7 本の長く細い突起で隣接細胞と相互に結合している。細胞間隙は大きい。群体全体は粘液質状の被鞘に包まれている。細胞の径 3.3−10 μm

5.　*Celastrum sphericum* NÄGELI　　　　（ Plate 73　Fig. 1−3 ）

細胞は球形または先端が丸くなった円錐形。細胞の外側は寒天質状の被鞘で包まれ、先端部分はやや厚くなっている。各細胞は基部の突起で相互に接着している。細胞間隙は三角形で狭い。

細胞の径 6−25 μm

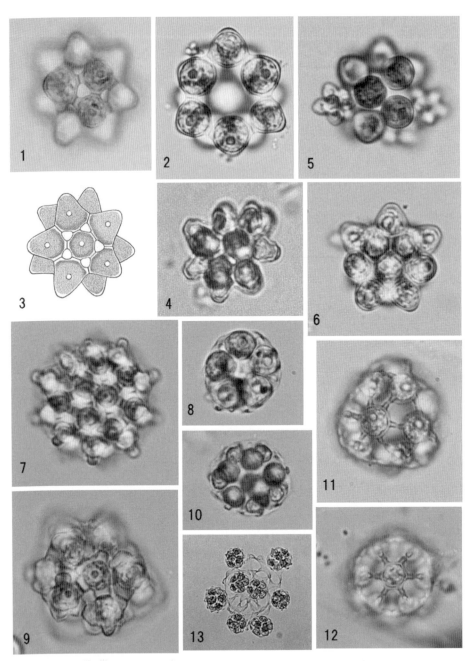

Plate 73　Coelastrum　　(Figs. 1～12.　×1000　　13.　×400)
1～3.　*Coelastrum sphericum* (p. 137)　　4.　*C. astroideum* var. *rugosum* (p. 137)
5～6.　*C. astroideum* var. *astroideum* (p. 137)（5：自生胞子形成）
7～10,13.　*C. cambricum* (p. 137)（13：自生胞子形成）
11～12.　*C. reticulatum* (p. 137)

クルキゲニア属　*Crucigenia*

群体性で浮遊性。4個の同じ形の細胞が向き合って対照的に平板状に配置して群体を形成する。ふつうは、それらが集まって大きな複合群体を形成する。細胞の形は、球形、三角形、楕円形、円柱形などで、4細胞の中央には四角形やひし形の隙間がある。葉緑体は1個で薄板状。1個のピレノイドがある。

1.　*Crucigenia crucifera* (WOLLE) COLLINS　　　　　　　(Plate 74　Figs. 5−6)

細胞は湾曲した卵形ないし楕円形。細胞の両端は丸い。各細胞は内側の二辺または内側の凸面で接着して群体を構成する。4細胞の群体の外観は長方形ないし斜方形で、中央には四辺形の隙間がある。細胞の径3−5μm、長さ5−7μm

2.　*Crucigenia fenestrata* (SCHMIDLE) SCHMIDLE　　　(Plate 74　Figs. 9−11)

細胞は細長い台形で、短い方の辺を内側にして4細胞が接着している。中央に四辺形の隙間がある。細胞の径2−4μm、長さ6−8μm

3.　*Crucigenia lauterbornii* (SCHMIDLE) SCHMIDLE　　　(Plate 74　Figs. 12−14)

細胞は卵型または半球形で、内側はほぼまっすぐで外側は丸い。細胞は十字に配列し、群体の形はやや長方形。母細胞壁の変化した粘質物で接着して、16細胞の複合群体を形成する。中央には四辺形の間隙がある。細胞の径3−9μm、長さ6−12μm

4.　*Crucigenia mucronata* (G.M.SMITH) KOMÁREK　　　(Plate 74　Figs. 1−4)

細胞は楕円形ないし四辺形で少し外側に曲がり、内側の辺の一部で相互に接着している。細胞の外側の角には、それぞれ1個の小さな突起がある。中央には四辺形の隙間がある。

細胞の径3−6μm、長さ5−9μm

5.　*Crucigenia neglecta* FOTT & ETTL　　　　　　　　(Plate 74　Figs. 7−8)

細胞はほぼまっすぐな円柱状、まれに少し外側に曲がる。角は丸く、内側の二辺で相互に接着している。4細胞の群体はほぼ四辺形で、中央に小さな隙間がある。

細胞の径（2−）3−5μm、長さ5−9μm

6.　*Crucigenia tetrapedia* (KIRCHNER) W.& G.S.WEST

(Plate 74　Figs. 15−20)

細胞は角の丸い三角形。内側の二辺で相互に接着して、群体の中央には四辺形の小さな隙間がある。娘群体が離れずに、16細胞の複合群体を形成することがある。

細胞の外辺5−12μm、群体の辺の長さ8−15μm

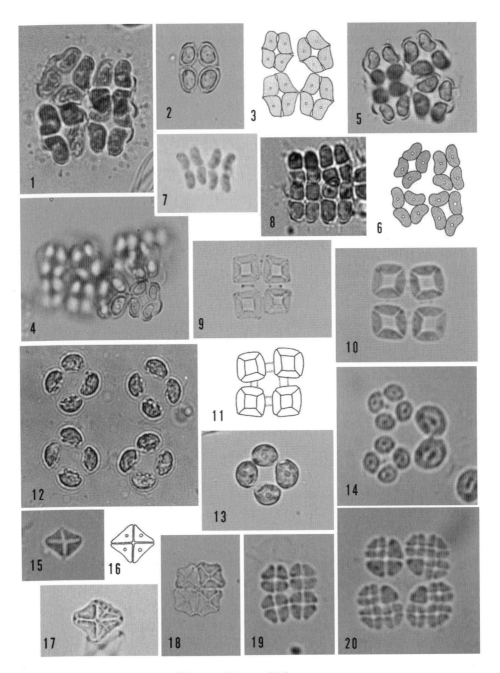

Plate 74　Crucigenia　(Figs. 1〜20.　×1000)
1〜4.　*Crucigenia mucronata*（p.139）　　5〜6.　*C. crucifera*（p.139）
7〜8.　*C. neglecta*（p.139）　　9〜11.　*C. fenestrata*（p.139）
12〜14.　*C. lauterbornii*（p.139）（14：自生胞子形成）
15〜20.　*C. tetrapedia*（p.139）（17, 20：自生胞子形成）

ホフマニア属　*Hofmania*

群体性で浮遊性。皿状の母細胞壁の残さに接した楕円形の4細胞が一端で接着し、十字型の群体を形成する。周りは透明な寒天質状のもので包まれている。16細胞の複合群体をつくることが多い。葉緑体は1個で薄板状。1個のピレノイドがある。

1.　*Hofmania africana* WOLOSZYNSKA　　　　　　　　　　（ Plate 75　Figs. 1－3 ）

　細胞の径4－5 μm、長さ7－9 μm

ジケルラ属　*Dicellula*

群体性で浮遊性。細胞は幅の広い楕円形。2個の細胞が長い方の側辺で接着している。外側の細胞壁からは多数の細い刺状突起が伸びている。2細胞性の群体が上下や側面で接着した複合群体も見られる。葉緑体は1個か2個で、細胞壁に沿って湾曲した薄板状。ピレノイドは1個。

1.　*Dicellula geminata* (PRINTZ) KORSCHIKOFF　　　　　（ Plate 75　Figs. 6－7 ）

　細胞壁は平滑、周りに多数の細い刺状突起が伸びている。突起の基部には、粒状の膨らみはない。細胞の径7－9 μm、長さ13－20 μm、刺状突起の長さ15－20 μm

2.　*Dicellula planctonica* SWIRENKO　　　　　　　　　　（ Plate 75　Figs. 8－10 ）

　刺状突起の基部には、粒状の膨らみがある。

細胞の径7－10 μm、長さ11－18 μm、刺状突起の長さ15－20 μm

ジクロステル属　*Dicloster*

群体性で浮遊性。細胞はやや湾曲した三日月型で、細胞の両端は細くなり刺状の細胞壁の突起が伸びている。2細胞が背側で接着して対となり、それが別の2細胞の対と互いに交差して結合して、X字型のものが二段になった特徴的な形の群体を形成している。葉緑体は1個で細胞内に広がった薄板状。2個のピレノイドがある。細長くて湾曲した細胞の形は、次の*Scenedesmus acuminatus*（p.151　Plate 77）に似ているが、葉緑体には2個のピレノイドがある。

1.　*Dicloster acuatus* JAO, WEI & HU　　　　　　　　　（ Plate 76　Figs. 1－4 ）

細胞の径3.5－7 μm、長さ18－28 μm、刺状突起の長さ（10－）20－25 μm

ジジモキスチス属　*Didymocystis*

群体性で浮遊性。細胞は楕円形で、細胞壁は平滑か顆粒模様がある。2個の細胞が側辺で密接した2細胞の群体。周りが透明な粘質鞘で包まれていることがある。葉緑体は1個で、細胞壁に沿って湾曲した薄板状。1個のピレノイドがあるものとないものがある。

1.　*Didymocystis inermis* (FOTT) FOTT var.*danubialis* HORTOBAGYI

（ Plate 76　Figs. 8－9 ）

　細胞は幅の広い楕円形で両端は丸い。内側の側辺で2細胞が密接している。細胞壁には規則正しく並んだ細かい顆粒模様があり、ピレノイドは1個。細胞の径6－8 μm、長さ（10－）15－16 μm

ジジモゲネス属　*Didymogenes*

群体性で浮遊性。細胞はやや湾曲した細長い三日月型。両端は円頭形で、長い1本の刺状突起をもつものがある。2細胞が背側で接着して、さらに別の2細胞対と細胞端で接着し、X字型のものが2個つながったような形の群体を形成する。葉緑体は1個で、細胞壁に沿って湾曲した薄板状。1個のピレノイドがある。

1.　*Didymogenes anomala* (G.M.SMITH) HINDÁK　　　　（ **Plate 76　Figs. 5−7** ）

細胞の端から1本の長い刺状突起が伸びている。

細胞の径 1.5−5 μm、長さ 7−15 μm、針状突起の長さ 5−10 μm

ペクトジクチオン属　*Pectodictyon*

群体性で浮遊性。細胞は角ばった四面体。群体内の細胞は内側から伸びる突起によって相互に接着し、籠の目状になる。細胞数が増えるにつれて、群体の形は四面体、立方体、多面体、球状になる。葉緑体は1個。1個のピレノイドがある。

1. *Pectodiction pyramidale* AKIYAMA & HIROSE　　　　（ **Plate 75　Figs. 4** ）

8細胞以上の群体は球形で、隙間が大きくあいた籠状になる。細胞の一辺の長さ 6−15 μm

2. *Pectodiction* sp.　　　　　　　　　　　　　　（ **Plate 75　Figs. 5** ）

細胞から伸びる細い突起で隣接する細胞とつながり、それらが網目状に配列した中空のボール状の群体を形成する。群体の径 23−35 μm

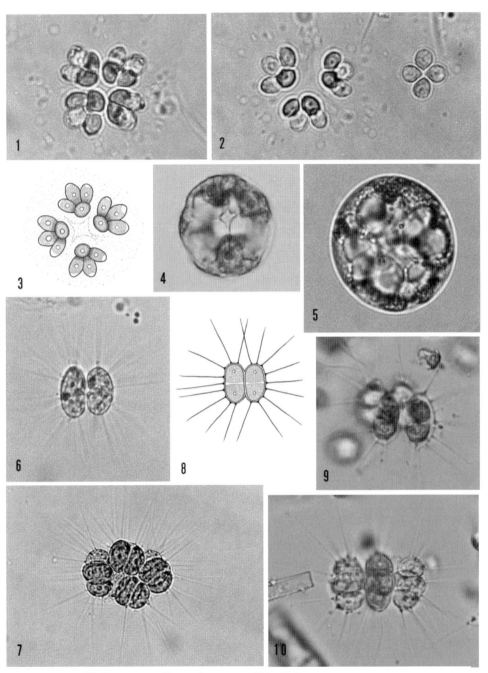

Plate 75　　Hofmania　　Pectodiction　　Dicellula
(Figs. 1〜6, 8〜10. ×1000　　7. ×500)
1〜3. *Hofmania africana* (p. 141)　　4. *Pectodictyon pyramidale* (p. 142)
5. *P.* sp. (p. 142)　　6〜7. *Dicellula geminata* (p. 141)
8〜10. *D. planctonica* (p. 141)　（7,10：複合群体）

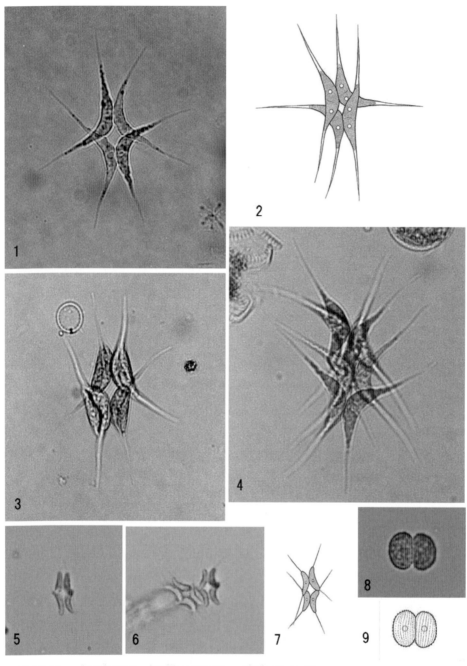

Plate 76　Dicloster　Didymogenes　Didymocystis
(Figs. 1〜4. ×700　　5〜9. ×1000)
1〜4. *Dicloster acuatus* (p.141)（3：自生胞子形成）
5〜7. *Didymogenes anomala* (p.142)
8〜9. *Didymocystis inermis* var. *danubialis* (p.141)

スケネデスムス属（セネデスムス属、イカダモ属）*Scenedesmus*

群体性で浮遊性。4または倍数の8細胞が横並びになった群体で、細胞の側面で接して一列に並ぶものと細胞が交互にずれて並ぶものとがある。（図5　①③④）　また、8細胞の場合は、上下二段に並ぶものがある。（⑤）　同じ種でも、1細胞、2細胞、4細胞、8細胞のものが混じって観察される。また、群体の頂面観では4個や8個の円形の細胞が一列に並び、まったく別の藻類のように見える。（②、　Plate79 Figs. 9、Plate 89　Figs. 1, 3, 4）

細胞の形には、楕円形、長楕円形、紡錘形、三日月型などがあり、細胞の両端にこぶ状の突起や、歯状突起、長い刺状突起をもつものがある。細胞壁の表面は、ふつうは平滑であるが、畝や顆粒をもつものもある。（⑥）

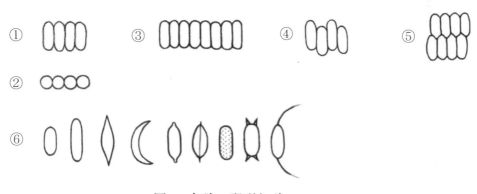

図5　細胞の配列と形
（ ①～⑤；細胞の配列　　②；頂面観　　⑥；細胞の形 ）

細胞の中には1枚の薄い板状の葉緑体が広がり、ピレノイドがほぼ中央に1個はっきり見える。

無性生殖は、各細胞の中での2回の分裂で4細胞が田の字型に配列し、その後、細胞が動いて横並びになり、細胞壁が破れて自生胞子（娘群体）が母細胞から出てくる。（図6、　Plate 77、78、80、82、83、84、85、87、89 ）　母細胞から出たばかりは小さいが、浮遊生活をおこないながら母細胞の大きさの群体となる。

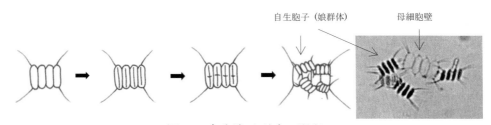

図6　自生胞子形成の過程

同じ場所で同じ時に採集した場合にも、同種であっても細胞の大きさや刺の長さなどの違うものがあり、形態変異が見られる。また、細胞の形態、群体内での細胞配列にも変異性があり、種の同定が難しい。

　スケネデスムス属 *Scenedesmus* の藻は、世界各地の湖、池、沼など、いたるところふつうに見られる。古くから研究され、数多くの種が報告されていているが、 Komárek & Fott (1983) は 102 の種と多くの変種を収録している。

　白幡沼でも一年を通して多く出現し、39 種類が観察された。

1.　*Scenedesmus acuminatus* (Lagerheim) Chodat var.*acuminatus*

（ Plate 77　Figs. 1－13 ）

　4 個の細胞が平面に直線状に、8 細胞のものは交互に並ぶ群体。細胞は細長い紡錘形で、両端の細胞は三日月型に湾曲し、内側の細胞は長くまっすぐ。各細胞の先は細くなり鋭く尖る。細胞壁は平滑。白幡沼では様々な変異個体が見られた。

細胞の径 2－7 μm、長さ 12－40 (－50) μm

2.　*Scenedesmus acuminatus* (Lagerheim) Chodat var.*elongatus* G.M.Smith

（ Plate 79　Figs. 1－3 ）

　基本種と比べ、細胞は著しく長く強く湾曲し、先は鋭く尖っている。

細胞の径 2－5 μm、長さ 24－72 μm

3.　*Scenedesmus acuminatus* f.*maximus* Uherkovich　（ Plate 78　Figs. 1－4 ）

　群体や細胞の形状は基本種と同じであるが大型。細胞の径 7－9 μm、長さ 30－80 μm

4.　*Scenedesmus acuminatus* (Lagerheim) Chodat var.*tortuosus* (Skuja)

Ooshima　　　　　　　　　　　　　　　　　　　（ Plate 78　Figs. 5－6 ）

　多くの群体は 4 細胞からなり、細胞は三日月形、S 字型ときに α 型で、先は細くなり尖る。各細胞は中央で不規則に接着して、群体全体が常に湾曲した面を形成している。

細胞の径 3－7 μm、長さ 20－35 μm

　白幡沼では、*S. javanensis* にも同様な不規則な接着をするものが観察された。(Plate 78 Figs. 7)

5.　*Scenedesmus bernardii* G.M.Smith　　　　　　　　（ Plate 80　Figs. 9 ）

　4, 8 細胞の群体。細胞はひし形で湾曲し、先端は尖る。各細胞は、先端または中央部で不規則にあるいは交互に接着する。細胞の径 3－6 μm、長さ 8－25 μm

6.　*Scenedesmus bicaudatus* Dedus　　　　　　　　　　（ Plate 88　Figs. 1－3 ）

　2, 4, 8 細胞の群体。細胞は楕円形で、両端は幅の広い円頭形。側縁で密着して平面状に並ぶ。外側細胞の一端にだけ、1 本の長い刺状突起がある。細胞の径 2－7 μm、長さ 8－15 μm

7. *Scenedesmus dispar* (BRÉBISSON) RABENHORST 　　　　（ Plate 81　　Figs. 11－14 ）

　4 細胞の群体。細胞は楕円形で、平面上に密着して並ぶ。両端には、1, 2 本の短い刺状突起がある。細胞の径 2.3－8 µm、長さ 8－19 µm

8. *Scenedesmus ecornis* (EHRENBERG) CHODAT 　　　　（ Plate 82　　Figs. 15－16 ）

　4, 8 細胞の群体。細長い楕円形の細胞が平面上並ぶ。細胞の径 2－7 µm、長さ 3.5－15 µm

9. *Scenedesmus ellipsoideus* CHODAT 　　　　　　　　（ Plate 83　　Figs. 1－4 ）

　4, 8 細胞の群体。細胞は楕円形で両端は円頭形。外側細胞の両端も丸みをおび長い刺状突起がある。細胞の径 3－7.5 µm、長さ 7.5－14 µm、刺の長さ、10－16（－20）µm

10. *Scenedesmus heimii* BOURRELLY 　　　　　　　　（ Plate 87　　Figs. 7 ）

　4 細胞の群体で、平面上に密着して配列する。細胞は細長い紡錘形で、両端は細くなり尖る。外側細胞の両端から長い刺状突起が斜めに伸び、側縁の中央からもそれより短い刺が 1 本伸びている。すべての細胞の両端に短い刺がある。細胞の径 3－6 µm、長さ 7－12 µm

11. *Scenedesmus javanensis* CHODAT 　　　（ Plate 78　Figs. 7,　　Plate 80　Figs. 1－8 ）

　4, 8 細胞の群体で、各細胞は一方の端で交互に接着して平面上に配列する。細胞は細長い紡錘形または鎌形で、両端は細くなり尖る。細胞の径 4－8 µm、長さ 28－50（－64 ）µm

12. *Scenedesmus magnus* MEYEN 　　　　　　　　　（ Plate 84　　Figs. 1－3 ）

　4, 8 細胞の群体で、各細胞は平面上に配列する。細胞は幅の広い楕円形で両端は鈍頭。内側細胞は円筒形。側辺全体で接着して一列に並ぶ。外側細胞の両端には長い刺状突起がある。

S. quadricauda （ Plate 83　Fig. 5～10 ）に形は似るが大型。細胞の径 4－14 µm、長さ 8－40 µm、刺状突起の長さ 30 µm

13. *Scenedesmus morzinensis* DEFLANDRE 　　　　　（ Plate 87　　Figs. 6 ）

　2, 4 細胞の群体。細胞は細い円筒形で外側細胞の側縁は凸型、両端は鈍頭で刺状突起がある。側辺すべてで接着して平面状に並ぶ。細胞の表面にはやや長い刺が散在する。

細胞の径 4 µm、長さ（ 8－）10 µm

14. *Scenedesmus obtusus* MEYEN 　　　　　　　　　（ Plate 82　　Figs. 4－9 ）

　4, 8 細胞の群体で、細胞は交互に配列する。8 細胞の場合、4 細胞ずつ二段に配列する。細胞は長楕円形または外に向かった端が細くなり、先端には結節状突起が見られることがある。若い細胞は両端が細く尖り、成熟した細胞では卵型か長円形である。群体の全体は寒天質の被鞘に包まれ、母細胞壁が群体の周りに残ることが多い。細胞の径 3－8 µm、長さ 4－18 µm

15. *Scenedesmus opoliensis* RICHTER var.*opoliensis* 　　　　（ Plate 85　　Figs. 1－7 ）

　4, 8 細胞の群体。細胞は細長い紡錘形で、中央の部分で接し平面状に並ぶ。外側細胞の両端は吻状に突出し、長い湾曲した刺状突起をもつ。内側細胞の両端に短い刺をもつことがある。

細胞の径（3－）4－8 μm、長さ 8－28 μm、刺状突起の長さ 9－30 μm

16. *Scenedesmus* cf. *opoliensis*　　　　　　　　　　　　　　　　（ Plate 85　　Figs. 8－9 ）

　基本種に似るが、細胞壁は厚く顆粒があり滑らかではない。

細胞の径 4－5 μm、長さ(18－) 20－23 μm

17. *Scenedesmus opoliensis* var. *mononensis* CHODAT　　　　　（ Plate 86　　Figs. 1 ）

　4 細胞の群体。細胞は細長い紡錘形で、側壁の広い部分で接触する。外側細胞の両端はやや吻状に突出し、長い刺状突起をもつ。

細胞の径 2－8 μm、長さ 8－19（－25）μm、刺状突起の長さ 15－28 μm

18. *Scenedesmus ovalternus* CHODAT　　　　　　　　　　　　（ Plate 82　　Figs. 1－3 ）

　4, 8 細胞の群体。　細胞は隣接する細胞と内側の端で交互に接着する特徴的な配列になっている。細胞は細長い卵型で、外に向いた端がやや細くなっている。

細胞の径 3－10 μm、長さ 10－20 μm

19. *Scenedesmus pecsensis* UHERKOVICH　　　　　　　　　　（ Plate 84　　Figs. 4－5 ）

　4 細胞がやや交互に並ぶ群体。細胞は円筒状で両端は円頭形。両端の細胞は外側が少し膨らみ、それぞれの角からは刺状突起が出ている。内側の細胞は片方の端がやや細くなっている。

細胞の径 4.5－9 μm、長さ(8－) 12－18.4 μm、刺状突起の長さ 1.5－12 μm

20. *Scenedesmus perforatus* LEMMERMANN var. *perforatus*

（ Plate 87　Figs. 10－11 ）

　4, 8 細胞の群体。細胞は円筒状で両端は円頭形。側辺は糸巻き型に凹んでいるので、細胞の間には細長い間隙がある。両端の細胞は外側が少し膨らみ、それぞれの角からは長い刺状突起が出ている。細胞の径 3－8（－10）μm、長さ 10－21 μm、刺状突起の長さ 10－20 μm

21. *Scenedesmus perforatus* LEMMERMANN var. *ornatus* LEMMERMANN

（ Plate 87　　Figs. 12 ）

　4, 8 細胞からなる群体。基本種に比べて側縁の凹みが少なく、細胞の間の隙間はわずかである。細胞壁には顆粒がある。両端の細胞は外側が少し膨らみ、それぞれの角からは長い刺状突起が出ている。細胞の径 4.5－9.5 μm、長さ 11－32 μm、刺状突起の長さ 20.5 μm

22. *Scenedesmus polydenticulatus* HORTOBAGYI　　　（ Plate 81　Figs. 6－10 ）

　4 細胞の群体で、交互に平面上に並ぶ。細胞は幅の広い紡錘形ないし細長い楕円形で、両端は狭くなり 2, 3 本の短い刺がある。内側細胞の刺は一端だけである。細胞壁には細かい短い刺が密生している。細胞の径 4－8 μm、長さ 15－20 μm

23. *Scenedesmus producto–capitatus* SCHMULA var.*producto–capitatus*

（ Plate 79 Figs. 4−6 ）

4 細胞の群体で、細胞の中央で接触して平面上に並ぶ。細胞は紡錘形で、両端には丸い膨らみがある。細胞の径 4−8 μm、長さ 14−18 μm

24. *Scenedesmus producto–capitatus* SCHMULA var.*indicus* (PHILIPOSE) HEGEWALD

（ Plate 79 Figs. 7−12 ）

2, 4 細胞の群体で、平面上に交互に並ぶ。細胞は紡錘形でやや湾曲している。両端には丸い膨らみがあるが、内側細胞の互いに接触している側の端には膨らみはない。

細胞の径 3−5 μm、長さ 9−12 μm

25. *Scenedesmus protuberans* FRITSCH & RICH var.*protuberans*

（ Plate 86 Figs. 2−4 ）

4, 8 細胞の群体。細胞は平面上に並び、内側細胞は細長い紡錘形で、両端に短い刺のあることがある。外側細胞は内側細胞より長く、両端には幅の狭い吻状の膨らみがあり、そこから長く湾曲した刺状突起が出ている。細胞の径 4−7 μm、長さ 11−35 μm、刺の長さ（20−）25−30 μm

26. *Scenedesmus protuberans* var.*minor* LEY （ Plate 86 Figs. 5−7 ）

4, 8 細胞の群体。細胞は幅の狭い紡錘形で、平面上に並ぶ。内側細胞の両端には 2 本の小さな刺がある。外側細胞には湾曲した長い刺がある。 細胞の径（3−）5−9 μm、長さ 15−30 μm

27. *Scenedesmus pseudoarmatus* HORTOBAGYI

（ Plate 87 Figs. 8−9 Plate 88 Figs. 4 ）

4 細胞が平面上に一列に並ぶ群体。細胞は紡錘形で、細胞壁には縦に走る隆起線がある。外側細胞は、両端近くで細くなりくちばし状にやや突き出ていて、外側細胞の両端または一端にだけ長い少し湾曲した刺状突起がある。内側細胞の両端には 1 本の短い刺がある。

細胞の径 2−4.7（−7）μm、長さ 7−15.3（−22）μm、刺の長さ 8−13（−28）μm

28. *Scenedesmus quadricauda* (TURPIN) BREBISSON （ Plate 83 Figs. 5−10 ）

2, 4, 8 細胞の群体。細胞は円筒形で両端は丸く、平面上に一列に密着して並ぶ。外側細胞はわずかに湾曲する長い刺状突起をもつ。

細胞の径 3−7 μm、長さ 9−19 μm、刺の長さ 7−15（−20）μm

29. *Scenedesmus quadrispina* CHODAT （ Plate 84 Figs. 6−7 ）

4 細胞の群体。細胞は中央がやや膨らんだ紡錘形。外側細胞には、鉤爪状に湾曲した短い刺がある。細胞の径 2.2−6 μm、長さ 7−15 μm、刺の長さ 3−6.9 μm

30. *Scenedesmus smithii* TEILING （ Plate 81 Figs. 1−5 ）

4, 8 細胞の群体。細胞は卵型から長円形で、交互に平面上に並ぶ。8 細胞の場合は、4 細胞が二

段になって配列する。外側細胞の両端には短い刺が 2, 3 本、内側細胞には外側の端にのみ刺があ
る。細胞の径 4−10 μm、長さ 9−20 μm、刺の長さ 4−5 μm

31. *Scenedesmus spinosus* CHODAT　　　　　　　　　　　　　（ **Plate 87**　**Figs. 1−5** ）

　2, 4, 8 細胞が平面上に並ぶ群体。細胞は卵型ないし長楕円形。外側細胞は両端に長さ 7−11 μm
の刺状突起を 1〜2 本、側面に 2−4 μmの短い刺を 1〜4 本もつ。内側細胞の両端に短い刺をもつ
ものもある。細胞の径（2−）3−7 μm、長さ 7−12 μm　スケネデスムス属 *Scenedesmus* の種と
しては小型である。

　以上のほかに次の様なものが観察されたが、個体数が少なく種の同定はできなかった。

32. *Scenedesmus* sp.1　　　　　　　　　　　　　　　　　　（ **Plate 82**　**Figs. 10−12** ）

33. *Scenedesmus* sp.2　　　　　　　　　　　　　　　　　　（ **Plate 82**　　**Figs. 13** ）

34. *Scenedesmus* sp.3　　　　　　　　　　　　　　　　　　（ **Plate 82**　　**Figs. 14** ）

35. *Scenedesmus* sp.4　　　　　　　　　　　　　　　　　　（ **Plate 88**　　**Figs. 5** ）

　細胞は非常に大きく、形が *S. magnus* （ Plate 84　Figs. 1〜3 ）に似る。

36. *Scenedesmus* sp.5　　　　　　　　　　　　　　　　　　（ **Plate 88**　　**Figs. 6** ）

37. *Scenedesmus* sp.6　　　　　　　　　　　　　　　　　　（ **Plate 88**　　**Figs. 7−8** ）

38. *Scenedesmus* sp.7　　　　　　　　　　　　　　　　　　（ **Plate 88**　　**Figs. 9** ）

39. *Scenedesmus* sp.8　　　　　　　　　　　　　　　　　　（ **Plate 89**　　**Figs.1−4** ）

　白幡沼では、母細胞から出た 4 個の群体が、向きをそろえて密接して束のようになっているの
が見られた。

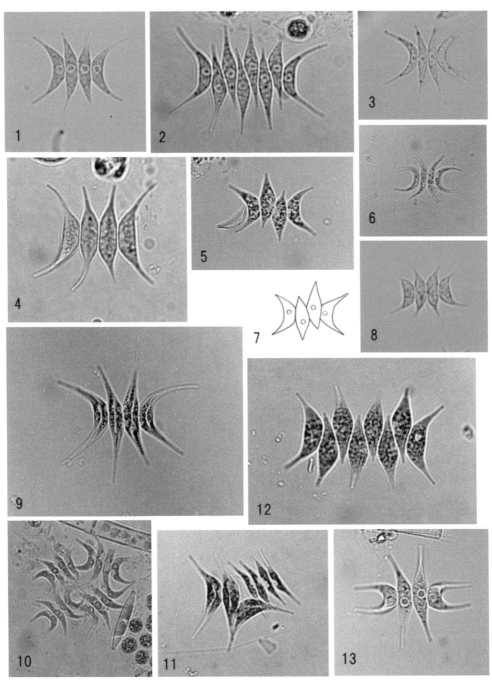

Plate 77   **Scenedesmus**   (Figs. 1〜11.   ×700   12〜13.   ×1000)
1〜13. *Scenedesmus acuminatus* (p. 146) (9〜11：自生胞子形成)

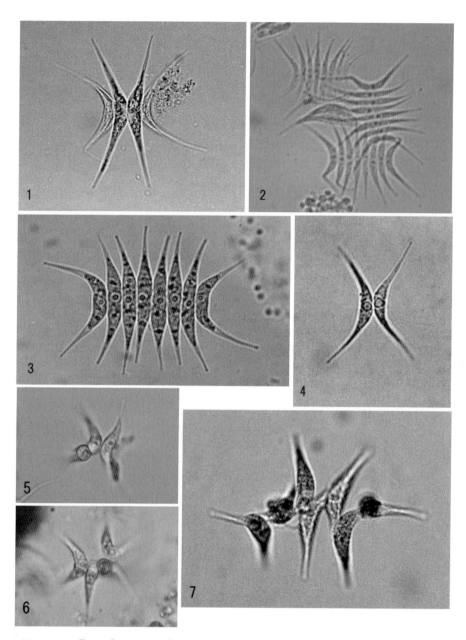

Plate 78　Scenedesmus　　(Figs. 1〜4.　×700　　5〜7.　×1000)
1〜4. *Scenedesmus acuminatus* f. *maximus* (p. 146) (2 : 自生胞子形成)
5〜6. *S. acuminatus* var. *tortuosus* (p. 146)　　　7. *S. javanensis* (p. 146, 147)

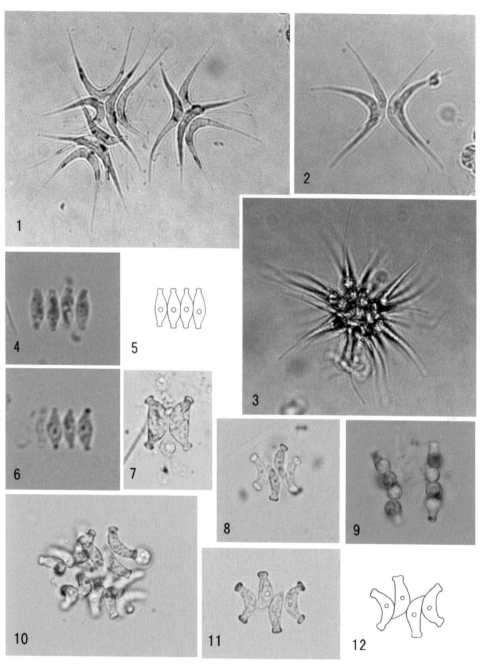

Plate 79　Scenedesmus　(Figs. 1〜3.　×700　　4〜12.　×1000)
1〜3. *Scenedesmus acuminatus* var. *elongatus*（p. 146）
4〜6. *S. producto-capitatus* var. *producto-capitatus*（p. 149）
7〜12. *S. producto-capitatus* var. *indicus*（p. 149）
（3： 4群体の頂面観　9：2群体の頂面観）

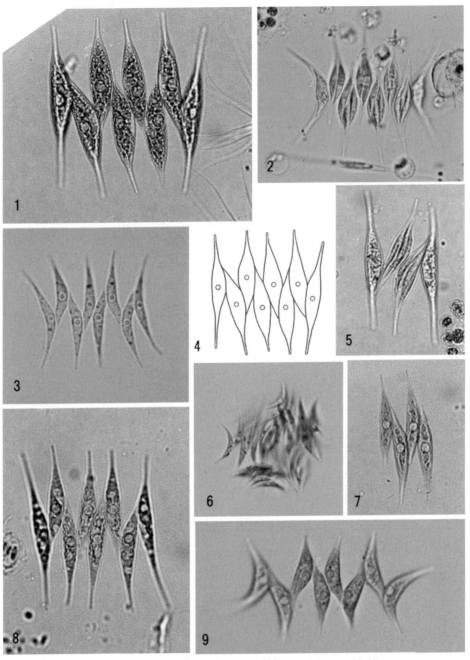

Plate 80   Scenedesmus   (Figs. 1〜8. ×700   9. ×1000)
1〜8. *Scenedesmus javanensis* (p. 147)   (2, 5, 6： 自生胞子形成)
9.   *S. bernardii* (p. 146)

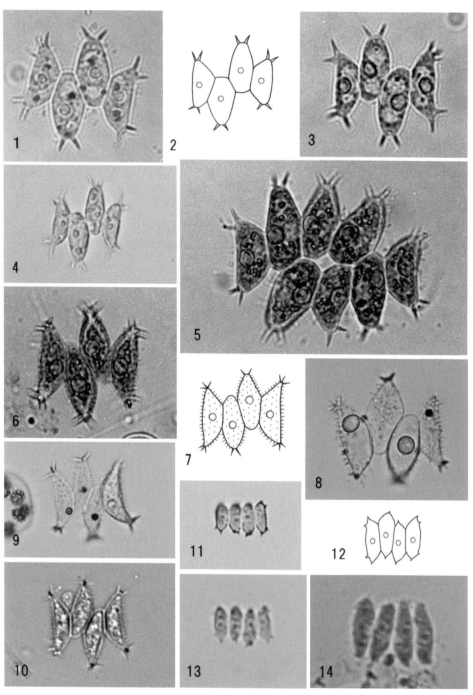

Plate 81   Scenedesmus   (Figs. 1〜14. ×1000)
1〜5. *Scenedesmus smithii* (p. 149)   6〜10. *S. polydenticulatus* (p. 148)
11〜14. *S. dispar* (p. 147)

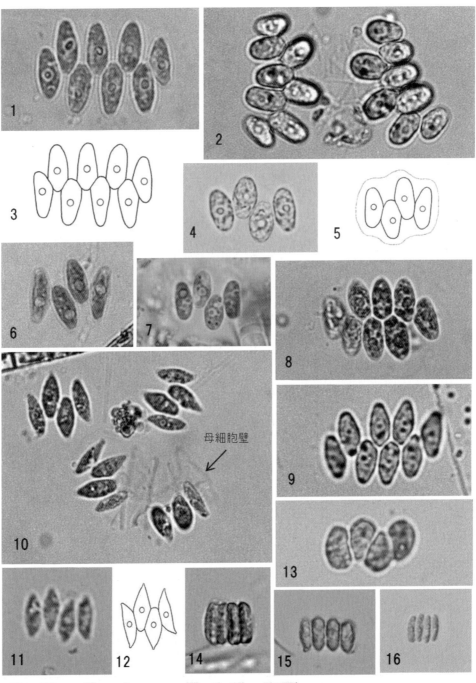

Plate 82　Scenedesmus　(Figs. 1〜16.　×1000)
1〜3. *Scenedesmus ovalternus* (p. 148)　　4〜9. *S. obtusus* (p. 147)
10〜12. *S.* sp. 1 (p. 150) (10：母細胞から出た自生胞子〔娘群体〕)
13. *S.* sp.2 (p. 150)　　14. *S.* sp.3 (p. 150)　　15〜16. *S. ecornis* (p.147)

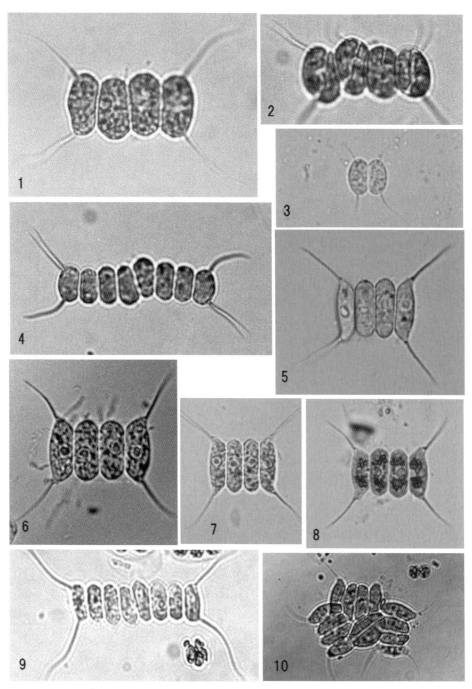

Plate 83　Scenedesmus　(Figs. 1〜10.　×1000)
1〜4.　*Scenedesmus ellipsoideus* (p. 147)　(2：自生胞子形成)
5〜10.　*S. quadricauda* (p. 149)　(10：自生胞子形成)

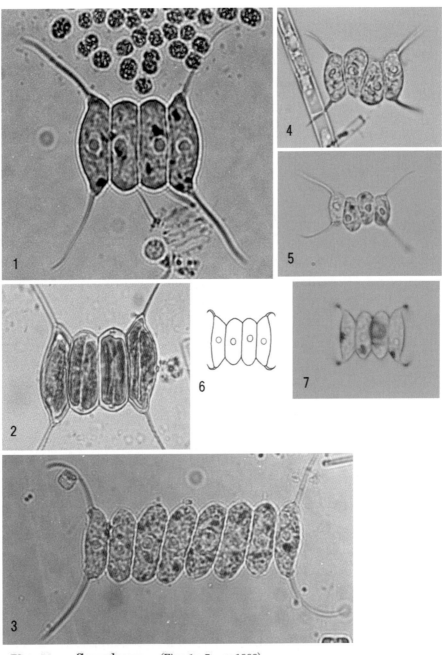

Plate 84　Scenedsmus　(Figs. 1〜7.　×1000)
1〜3.　Scenedesmus magnus (p. 147) (2 : 自生胞子形成)
4〜5.　*S. pecsensis* (p. 148)　　　　6〜7.　*S. quadrispina* (p. 149)

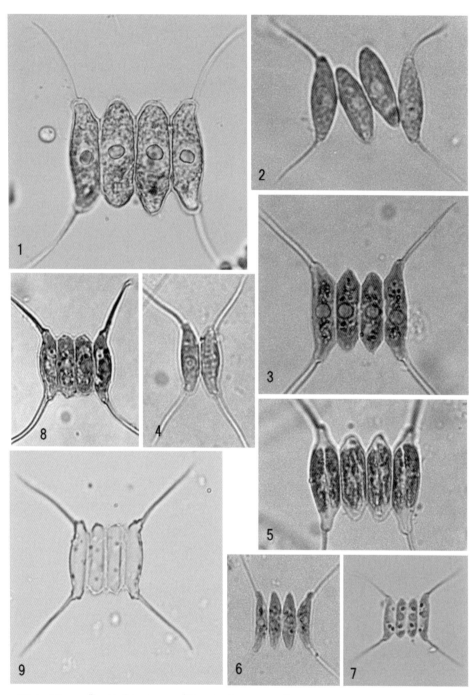

Plate 85　Scenedesmus　(Figs. 1〜9.　×1000)
1〜7.　*Scenedesmus opoliensis*（p. 147）（5：自生胞子形成）
8〜9.　*S.* cf. *opoliensis*（p. 148）

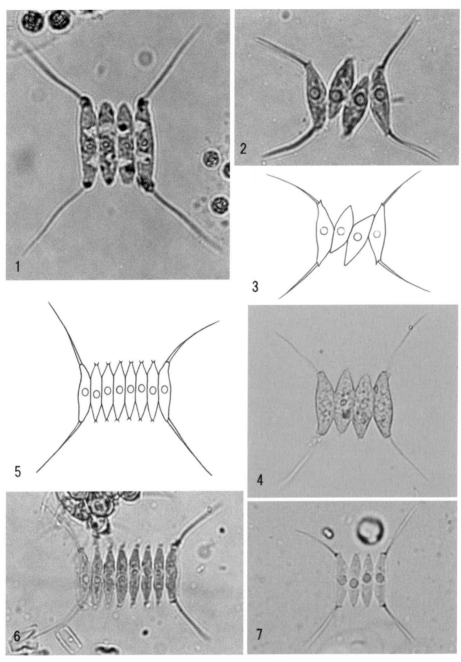

Plate 86　　Scenedesmus　　(Figs. 1〜7.　×1000)
1. *Scenedesmus opoliensis* var. *mononensis* (p. 148)
2〜4. *S. protuberans* var. *protuberans* (p. 149)
5〜7. *S. protuberans* var. *minor* (p. 149)

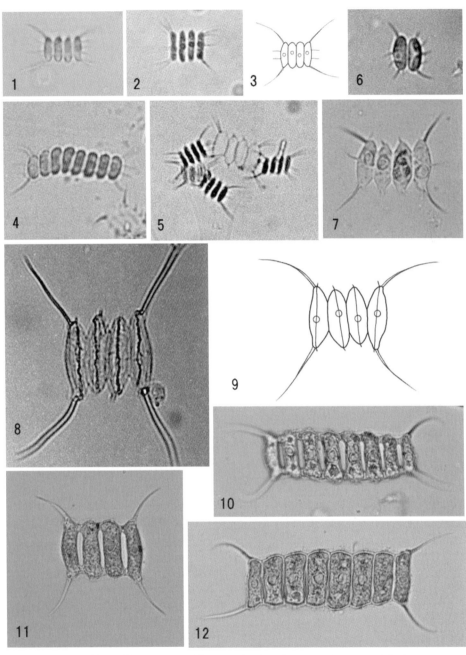

Plate 87　Scenedesmus　　(Figs. 1～9.　×1000　　10～12.　×700)
1～5.　*Scenedesmus spinosus* (p. 150) (5：母細胞から出た娘群体)
6.　*S. morzinensis* (p. 147)　　　　7.　*S. heimii* (p.147)
8～9.　*S. pseudoarmatus* (p. 149)　　10～11.　*S. perforatus* var. *perforatus* (p. 148)
12.　*S. perforatus* var. *ornatus* (p. 148)

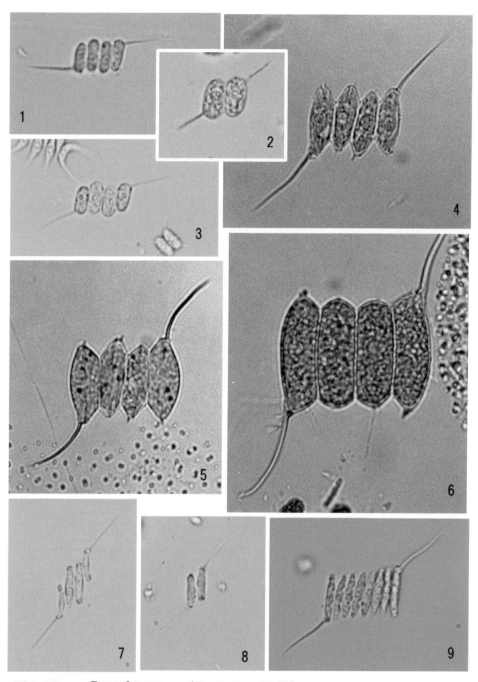

Plate 88　Scenedesmus　(Figs. 1〜9.　×1000)
1〜3.　*Scenedesmus bicaudatus* (p. 146)　　4.　*S. pseudoarmatus* (p. 149)
5.　S. sp.4 (p. 150)　　　6.　S. sp.5 (p. 150)　　　7〜8.　S. sp.6 (p. 150)
9.　S. sp.7 (p. 150)

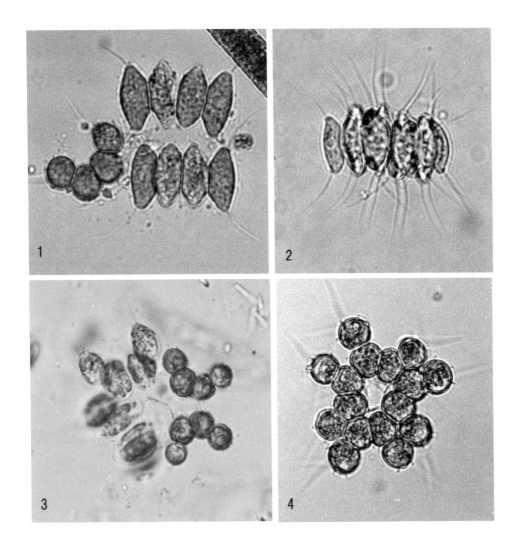

Plate 89　Scenedesmus　（Figs. 1〜4.　×1000）
1〜4. *Scenedesmus* sp. 8 （p. 150）
（1：頂面観と側面観　　2：4群体が密接して束状になる　　3：自生胞子形成
　4：湾曲した4群体が密接した複合群体の頂面観）

テトラクロレラ属　*Tetrachlorella*

群体性で浮遊性。細胞は楕円形や紡錘形で両端は丸い。4 細胞が頂端部の半分で相互に密着して平面上に並ぶ。群体の周りは透明な粘質鞘で包まれる。葉緑体は薄板状で 1 個か 2 個で、それぞれに 1 個のピレノイドがある。

1.　*Tetrachlorella alternans* (G.M.Smith) Korschikoff

（ Plate 91　Figs. 18−19 ）

細胞の径 4−6 µm、長さ 7−10 µm

テトラデスムス属　*Tetradesmus*

4 細胞の群体で浮遊性。細胞は三日月型や鎌形で、各細胞は背面で接着し放射状に十文字に配列する。葉緑体は 1 個で薄板状。1 個のピレノイドがある。

1.　*Tetradesmus wisconsinensis* G.M.Smith　　　　（ Plate 90　Figs. 1 ）

細胞は弓状に湾曲した紡錘形で、両端は次第に細くなり先端は尖る。

細胞の径 4−5 µm、長さ 12−18 µm

2.　*Tetradesmus* sp.1　　　　　　　　　　　　　（ Plate 90　Figs. 2 ）

テトララントス属　*Tetrallantos*

群体性で浮遊性。細胞は湾曲したソーセージ型で両端は丸い。2 個の細胞が両端で接して O の字型になり、それぞれの継ぎ目にほかの細胞が O の字型の配列面に対して直角に接し、4 細胞の群体を形成する。周りには厚く透明な寒天質の鞘がある。葉緑体は 1 個で薄板状。ピレノイドは 1 個。

1.　*Tetrallantos lagerheimii* Teiling　　　　　　（ Plate 90　Figs. 3−4 ）

8 細胞や 16 細胞では乱れた群体を形成することがある。細胞の径 3−9 µm、長さ 10−24 µm

テトラストルム属　*Tetrastrum*

群体性で浮遊性。4 細胞が十文字に平板上に配列する。隣接する細胞とは密接に結合し、多くの場合、中央に小さな隙間がある。細胞の外側に顆粒や刺状突起をもつものがある。葉緑体は 1 個で薄板状。1 個のピレノイドがある。

1.　*Tetrastrum elegans* Playfair　　　　　　　（ Plate 91　Figs. 9−10 ）

細胞の外側は丸みをおび、1 本の長い刺状突起がある。

細胞の径 3−16.5 µm、刺状突起の長さ 10−20 µm

2.　*Tetrastrum glabrum* (Roll) Ahlstrom & Tiffany　（ Plate 90　Figs. 7−8 ）

細胞の外側は丸く、細胞の接着面はまっすぐで、トウモロコシの粒のような形をしている。中央に小さな四角い隙間があり、刺状の突起はない。細胞の径 2−8（−10) µm

3.　*Tetrastrum heteracanthum* (Nordstedt) Chodat　（ Plate 91　Figs. 5−8 ）

細胞は三角形で、外側がやや膨らんでいるが、凹んでいることもある。各細胞からは長短 2 本の太い刺状突起が出ている。

細胞の径 4 − 12 μm、長い刺状突起の長さ 8 − 24 μm、短い刺状突起の長さ 2 − 9 μm

4. *Tetrastrum multisetum* (SCHMIDLE) CHODAT （ Plate 90　Figs. 5 − 6 ）

　細胞はほぼ球形。各細胞の周縁部から 5〜6 本の長さ 25 − 30 μm の刺状突起が放射状に伸びている。群体の中央には四角形の間隙がある。細胞の径 5 − 8（− 13) μm

5. *Tetrastrum peterfii* HORTOBÁGYI （ Plate 91　Figs. 14 ）

　細胞の外側は丸く接着面はまっすぐで、配列や形は *T. glabrum*（ Plate 90　Figs. 7 − 8 ）に似るが、それぞれの細胞からは 1〜2 本の長い刺状突起が伸びている。

細胞の径 3.4 − 5 μm、刺状突起の長さ 8 − 14（− 30) μm

6. *Tetrastrum punctatum* (SCHMIDLE) AHLSTROM & TIFFANY

（ Plate 91　Figs. 1 − 4 ）

　細胞は丸みをおびた三角形または卵型で群体の中央には隙間がある。細胞壁には小さな顆粒状の突起がある。細胞の径 3 − 8 μm

7. *Tetrastrum staurogeniaeforme* (SCHRÖDER) LEMMERMANN

（ Plate 91　Figs. 11 − 13 ）

　細胞は外側が丸い三角形。各細胞の丸い外縁には 5〜6 本の短い針状突起がある。

細胞の径 3 − 8 μm、針状突起の長さ（ 3 −）4 − 8 μm

8. *Tetrastrum* sp. （ Plate 91　Figs. 15 − 17 ）

　配列や形は *T. glabrum* に似るが細胞は小さい。刺状の突起はない。細胞の径 3 − 4 μm

ヒドロジクチオン科　Hydrodictyaceae

　少数細胞からなる定数群体か多細胞からなる網目状群体。群体を包む粘質鞘はない。葉緑体は薄板状、杯状、網目状などで、1 個または多数のピレノイドがある。

ペジアストルム属（クンショウモ属）*Pediastrum*

　群体性で浮遊性。4, 8, 16, 32 個の扁平な細胞が一平面に同心円状に並び、その名の通り美しい形をしている。細胞の形の基本は五角形で、周縁の細胞は、1 または 2 本の突起をもつものと凹型にくぼみをもつものがある。群体には、細胞間に間隙があるものと密接しているものとがある。

　葉緑体は 1 個で、薄板状。1 個のピレノイドがある。無性的には、群体の個々の細胞内に遊走子が形成され（ Plate 93　Fig.3 ）、母細胞から粘質胞に包まれたままの形で放出される。その中で遊走子は放射状に並び相互に接着して娘群体となり、成長して母群体と同じ形状になる。放出後の細胞壁だけになったものが群体内にしばしば見られる。（ Plate 93　Fig. 5, 6、Plate 94　Fig.

1, 2, 4, 7） 多くの種があり、変種、品種も多い。また、群体内の細胞の形は成長によって変化し、形態変異も多い。

白幡沼では次の 10 種が観察された。

1. *Pediastrum boryanum* (TURPIN) MENEGHINI var.*boryanum*

（ Plate 92　　Figs. 1−9 ）

　4, 8, 16, 32 細胞が平面に同心円状に並ぶ、円形～楕円形の板状の群体である。細胞は密接して並び、細胞間隙はない。内部の細胞は四～六角形で、一辺がくぼんでいることが多い。外縁細胞には 2 本の長い角状の突起があり、突起の間は V 字形で成長した細胞では U 字形に切れ込んでいる。細胞壁には顆粒状の細点模様がある。外縁細胞の長さ 6−35 μm、幅 5−31 μm、内部細胞の長さ 5−26 μm、幅 4−27 μm

2. *Pediastrum boryanum* (TURPIN) MENEGHINI var. *brevicorne* BRAUN

（ Plate 93　　Figs. 3−5 ）

　前出の基本種に似るが、周縁細胞の 2 本の角状突起は太く、離れた位置にあり、両突起の間はわずかな凹型である。細胞の幅 7−35 μm、長さ 5−35 μm

3. *Pediastrum boryanum* (TURPIN) var. *cornutum* (RACIBORSKI) SULEK

（ Plate 92　　Figs. 10−12 ）

　基本種に似るが、細胞間隙がある。細胞の幅 7−22 μm、長さ 7−23 μm

4. *Pediastrum boryanum* (TURPIN) MENEGHINI var. *longicorne* REINSCH

（ Plate 93　　Figs. 1−2 ）

　基本種に似るが、周縁細胞の 2 本の角状突起は長く、両突起間の切れ込みは深い。外縁細胞の幅 6−31 μm、長さ 11−37 μm、内部細胞の幅 6−32 μm、長さ 5−20 μm

5. *Pediastrum duplex* MEYEN var.*duplex*　　（ Plate 95　　Figs. 1−5,8 ）

　4, 8, 16, 32 細胞が、平面に同心円状に並ぶ、円形～楕円形の板状の群体である。細胞間には多様な形をした大きな間隙がある。内部細胞はほぼ H 字形で、成長すると台形ないし長方形。外縁細胞もほぼ H 字型で、2 本の截頭型の角状突起があり、先端から繊維状の bristles が伸びている。細胞壁は平滑。外縁細胞の幅 6−22 μm、長さ 7−24 μm、内部細胞の幅 6−27 μm、長さ 5−24 μm

6. *Pediastrum duplex* MEYEN var.*gracillimum* W.&G.S.WEST

（ Plate 95　　Figs. 6−7 ）

　基本種にきわめて似るが、細胞は細く細胞間隙が大きい。周縁細胞の 2 本の角状突起も細く長く、先端から繊維状の bristles が伸びる。細胞の幅は 10−22 μm、突起を含めた長さ 12−32 μm

7. *Pediastrum integrum* NÄGELI　　（ Plate 93　　Figs. 6−7 ）

　周縁細胞の基部は台形またはほぼ五角形で、外側には低い三角形の截頭型の突起が 2 個ある。

内部細胞は五角形で、一辺が凹型にくぼむ。細胞間隙はない。細胞壁には顆粒状の細点模様がある。細胞の幅（10－）15－25 μm、突起をふくめた長さ 10－25 μm、

8. *Pediastrum simplex* MEYEN var.*simplex* （ Plate 94　Figs. 6－8 ）

　細胞間には形も大きさも異なる様々な間隙がある。細胞は細長い三角形で、外縁細胞では外に向かって角状に長く伸びている。その截頭型の先端からは、繊維状の bristles が伸びている。内部細胞はＹ字形だが成長とともに形は変わる。細胞壁には顆粒状の細点模様があるが不明瞭なこともある。外縁細胞の幅 6－30 μm、長さ 12－52 μm、内部細胞の幅 7－28 μm、長さ 7－35 μm

9. *Pediastrum simplex* MEYEN var. *echinulatum* WITTROCK

（ Plate 94　Figs. 1－5 ）

　細胞は密接して並ぶが間隙のあるものもある。細胞は五角形。外縁細胞の基部は倒立台形で、外に向かって三角形の長い角状突起が 1 本伸びている。細胞壁には小さな棘状突起が密に分布している。細胞の幅は 6－15 μm

10. *Pediastrum tetras* (EHRENBERG) RALFS （ Plate 93　Figs. 8－11 ）

　4, 8, 16 細胞からなる平らな四角ないしは円盤状の群体。細胞は密接して並び、細胞間隙はない。外縁細胞の基部は三角形または台形で、外側に深い切れ込みをはさんで 2 個の三角形の突起がある。突起の外縁はわずかにくぼんでいる。内部細胞は四〜六角形で一辺に深い切れ込みがある。外縁細胞の幅 5－18 μm、長さ 4－18 μm、内部細胞の幅 4－16 μm、長さ 4－14 μm

ソラストルム属 *Sorastrum*

　群体性で浮遊性。細胞は楔形やハート形や洋梨型。外側の角には 1 か 2 本の長い突起がある。内側には寒天質状の太い柄があり、その柄で群体の中心にある球状のものに付着し放射状に配列する。葉緑体は 1 個で薄板状。ピレノイドは 1 個。

1. *Sorasturm* sp. （ Plate 96　Figs. 1 ）

　突起の間はＶ字型に凹む。細胞の径 5－8 μm 、柄や刺を除いた長さ 8－10 μm

エラカトトリクス科　Elakatothricaceae

　単細胞性か群体性。細胞は楕円形や紡錘形で、細胞壁は平滑。細胞群の周りは粘質鞘で包まれていることが多い。

エラカトトリクス属 *Elakatothrix*

　群体性で浮遊性。細胞は細長い紡錘形で先は細くやや尖る。2〜数個がほぼ紡錘形の粘質鞘の中に平行あるいは一列に並んだ群体。葉緑体は 1 個で薄板状。1 個〜2 個のピレノイドがある。

1. *Elakatothrix genevensis* (REVERDIN) HINDÁK （ Plate 96　Figs. 2－4 ）

　細胞は交互に端に近い側面で接着している。細胞の径 3－4 μm 、長さ（12－）20－35 μm

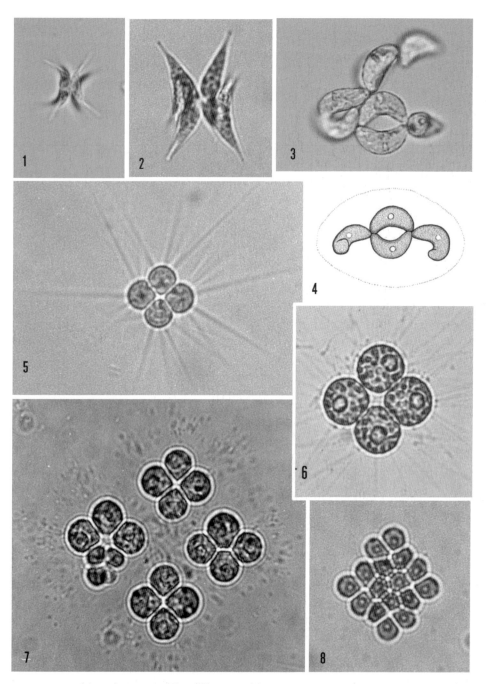

Plate 90　Tetradesmus　Tetrallantos　Tetrastrum　　(Figs. 1〜8.　×1000)
1.　*Tetradesmus wisconsinensis*（p. 164）　　2.　*T.* sp. 1（p. 164）
3〜4.　*Tetrallantos lagerheimii*（p. 164）　　5〜6.　*Tetrastrum multisetum*（p. 165）
7〜8.　*T. glabrum*（p. 164）（ 7,8：自生胞子形成 ）

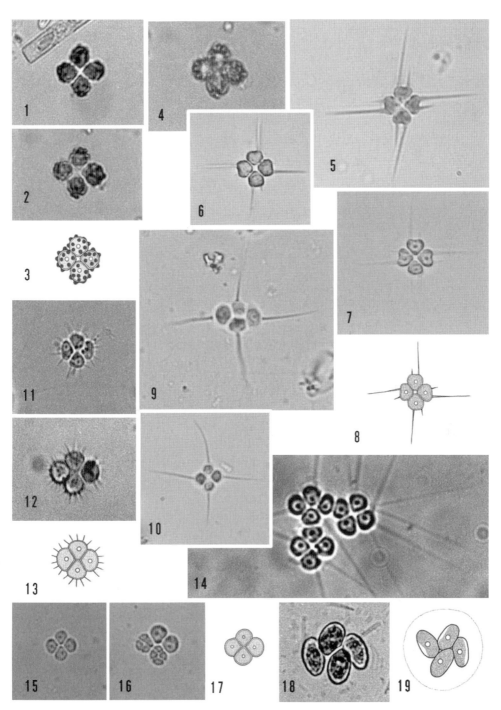

Plate 91　Tetrastrum　Tetrachlorella　(Figs. 1〜19.　×1000)
1〜4.　*Tetrastrum punctatum*（p.165）　5〜8.　*T. heteracanthum*（p.164）
9〜10.　*T. elegans*（p.164）　　　11〜13.　*T. staurogeniaeforme*（p.165）
14.　*T. peterfii*（p.165）　　　15〜17.　*T. sp.*（p.165）（14：自生胞子形成）
18〜19.　*Tetrachlorella alternans*（p.164）

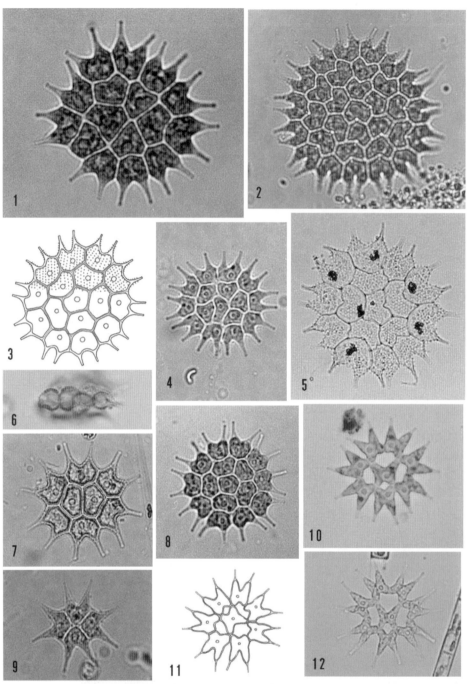

Plate 92　　Pediastrum　　(Figs. 1〜12.　×700)
1〜9.　*Pediastrum boryanum* var. *boryanum*（p. 166）
（5：細胞壁には顆粒状の細点模様がある　　6：側面観）
10〜12.　*P. boryanum* var. *cornutum*（p. 166）

170

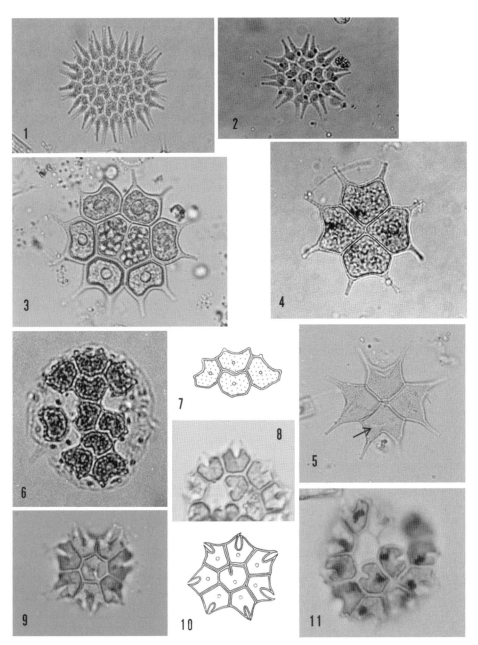

Plate 93　Pediastrum　　(Figs. 1〜5.　×700　　6〜11.　×1000)
1〜2.　*Pediastrum boryanum* var. *longicorne* (p. 166)
3〜5.　*P. boryanum* var. *brevicorne* (p. 166)（3：遊走子を形成した中央の2細胞）
(5：4個の空の細胞、遊走子が外に出た裂孔が各細胞にある 矢印)
6〜7.　*P. integrum* (p. 166)　　　　　　8〜11.　*P. tetras* (p. 167)

171

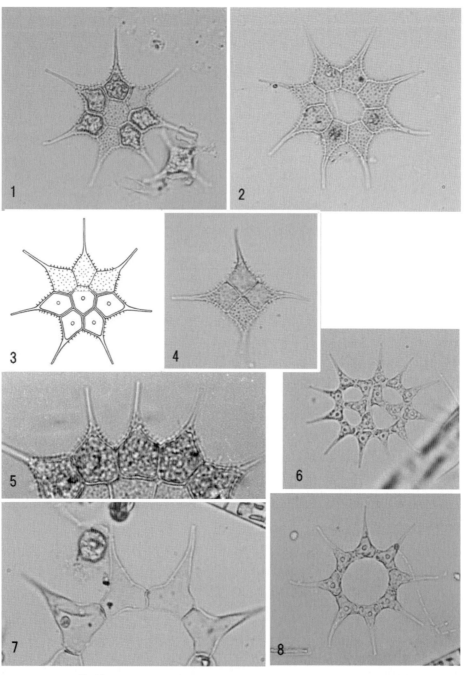

Plate 94　Pediastrum　　(Figs. 1〜4, 6, 8.　×700　　5, 7.　×1000)
1〜5.　*Pediastrum simplex* var. *echinulatum* (p. 167)
6〜8.　*P. simplex* var. *simplex* (p. 167)

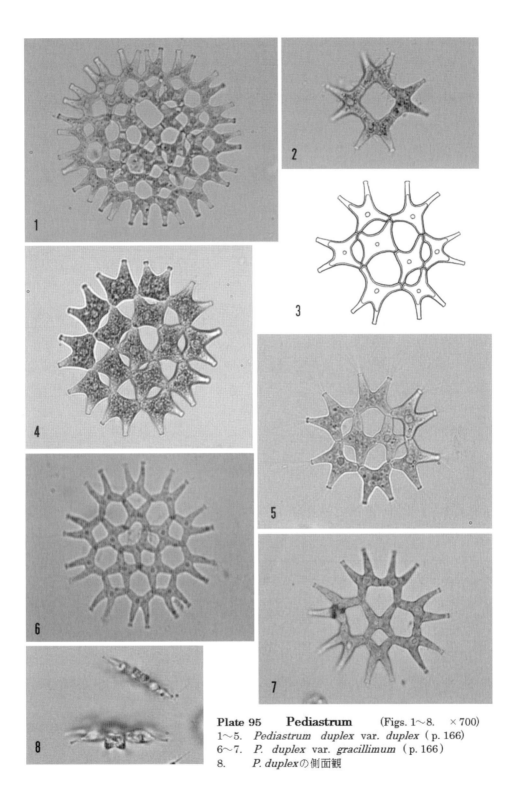

Plate 95　Pediastrum　　(Figs. 1〜8.　×700)
1〜5.　*Pediastrum duplex* var. *duplex* (p. 166)
6〜7.　*P. duplex* var. *gracillimum* (p. 166)
8.　　*P. duplex*の側面観

ウロトリクス目　Ulotrichales

細長い円筒形の細胞が両端で接着した、分枝しない単細胞列の糸状体。

ウロトリクス科　Ulotrichaceae

浮遊性か付着性。円筒形や楕円形の細胞が連なった分枝しない糸状体であるが、成長すると 2 細胞列になるものもあり、また数細胞からなる短い糸状体のものもある。付着性の種は基部細胞に仮根状部をもつ。糸状体が透明な粘質鞘に包まれるものもある。

ゲミネラ属 *Geminella*

浮遊性。細胞は円筒形や楕円形で両端は丸い。一列の短い糸状体で、全体が太い粘質状の鞘で包まれている。葉緑体は 1 個。薄板状で細胞壁に沿って湾曲している。1 個のピレノイドがある。

1. *Geminella mutabilis* (BRÉBISSON) WILLE　　　　　　　　(**Plate 96　Figs. 5**)

細胞の径 9−20 μm 、長さ(12−) 25−35 μm

カエトフォラ目　Chaetophorales

一部に単細胞性や不規則に藻塊をつくるものも含まれているが、多くは 1 細胞列の分枝した糸状体で、群生して粘質鞘に包まれているものが多い。葉緑体は薄板状や湾曲した帯状で、1〜数個の明瞭なピレノイドをもつ。

次のカエトフォラ属 *Chaetophora* とコレオカエテ属 *Coleochaete* は、糸状体性で付着性の藻類で、真のプランクトン性ではないが、付着していた基物から離れて浮遊していたものとみられる。

カエトフォラ科　Chaetophoraceae

不規則または二又に分枝した糸状体で、主軸と枝状部に分化しているもの、匍匐部と直立部に分化しているものがある。

カエトフォラ属 *Chaetophora*

細胞は細長い円筒形で、分枝した単細胞列の糸状体で付着性。少数の細胞が不規則に並んだ匍匐部と、それから細かく分枝して放射状に伸びた長い直立部に分かれる。直立部の主軸と枝状部の区別ははっきりしない。枝状部は先に行くにつれて細くなり、先端細胞は細長く伸びて刺毛状になったものが多い。直立部の糸状体は密集して肉眼的な大きさの硬い粘質鞘に包まれた鮮緑色の藻塊をつくって、水底の落ち葉などに付着している。葉緑体は 1 個。主軸部では、細胞壁に沿って湾曲した帯状で、数個のピレノイドがあり、枝状部の細い細胞では、細胞いっぱいに広がった薄板状で、1 個のピレノイドがある。

1. *Chaetophora elegans* (ROTH) AGARDH　　　　　　　　(**Plate 96　Figs. 8**)

藻塊の直径は 1〜5 mmの緑色で球状。内部には二あるいは三又に分枝する糸状体が放射状に配

列している。細胞は円柱状で、枝の先端の細胞は毛状に細く長く伸びていることが多い。水生植物などに着生する。葉緑体は1個で、細胞壁に沿った薄板状。1～数個のピレノイドをもつ。細胞の径 5－8 μm 、長さ 10－20 μm

コレオカエテ科　Coleochaetaceae

不規則に分枝する糸状体であるが、匍匐して密接した盤状体をつくるものもある。

コレオカエテ属 Coleochaete

糸状体で付着性。細胞は円筒形や楔形。藻体は単細胞列の短い糸状体で、二又分岐して側枝を伸ばして藻塊をつくる直立型と、糸状体が基物の表面に放射状に伸びた盤状のものがある。多くは水草や大型の藻類の体表に着生している。無性生殖は遊走子、有性生殖は卵生殖による。葉緑体は1個、薄板状で細胞壁に沿って湾曲し、1個のピレノイドがある。

1.　*Coleochaete scutata* BRÉBISSON f.*scutata*　　　　　　　　（ **Plate 96**　　**Figs. 6** ）

水草や大型の藻類の体表に着生する。1細胞層の円盤状。中心から放射状に伸びて二又分枝する糸状体が、相互に側面で密接して藻体が形成される。ところどころの細胞から背面に細胞質の糸状突起が伸びている。白幡沼では、水の中に落ちたビニールに着生していた。

細胞の径 10－25 μm 、長さ 14－35 μm

2.　*Coleochaete* sp.　　　　　　　　　　　　　　　　　　　　（ **Plate 96**　　**Figs. 7** ）

ジグネマ目　Zygnematales

単細胞性や糸状体性で、一部は群体性。糸状体性のものは円筒形の細胞の連なった一細胞列で、分枝しない。デスミジウム科のものでは細胞がいろいろ変化した複雑な形をしたものが多い。

ジグネマ科　Zygnemataceae

一列の分枝しない糸状体で浮遊性。葉緑体は細いリボン状、細長い板状、星状などである。接合によって接合胞子を形成するが、配偶子嚢や配偶子はこの科特有の方法で形成される。

スピロギラ属（アオミドロ属）*Spirogyra*

浮遊性。細長い円筒形の細胞が一列に並び、糸状体で枝分れしない。細胞壁の外側はペクチン質であるため、触るとぬるぬるしている。葉緑体は螺旋に回転したリボン状で、一列に並んだ多数のピレノイドがある。（ Plate 97　　Figs. 10 ）接合によって接合胞子を形成する（ Plate 97 Figs. 11－12 ）。葉緑体は、1本か2本のものが多いがそれ以上のものもある。スピロギラ属は非常に種類が多く、識別するには、糸状体細胞の寸法、隔膜、雌性配偶子嚢の形、接合胞子の形などを調べる必要がある。

1.　*Spirogyra* spp.　　　　　　　　　　　　　　　　　　　　（ **Plate 97**　　**Figs. 1－12** ）

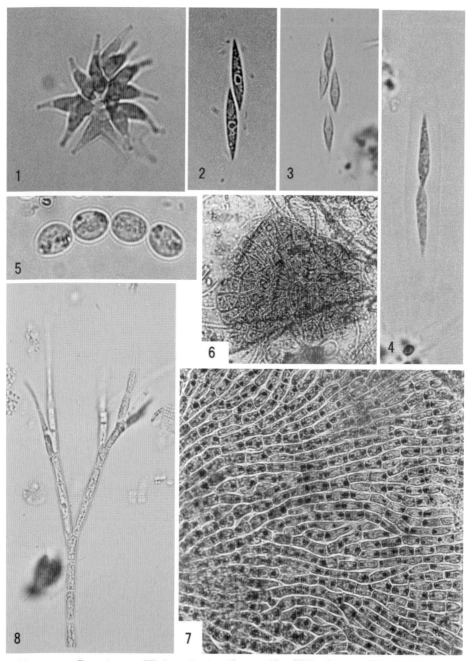

Plate 96　　Sorastrum　Elakatothrix　Geminella　Coleochaete　Chaetophora
(Figs. 1〜5.　×1000　　6.　×250　　7〜8.　×500)
1. *Sorastrum* sp. (p. 167)
5. *Geminella mutabilis* (p. 174)
7. *Coleochaete* sp. (p. 175)
2〜4. *Elakatothrix genevensis* (p. 167)
6. *Coleochaete scutata* (p. 175)
8. *Chaetophora elegans* (p. 174)

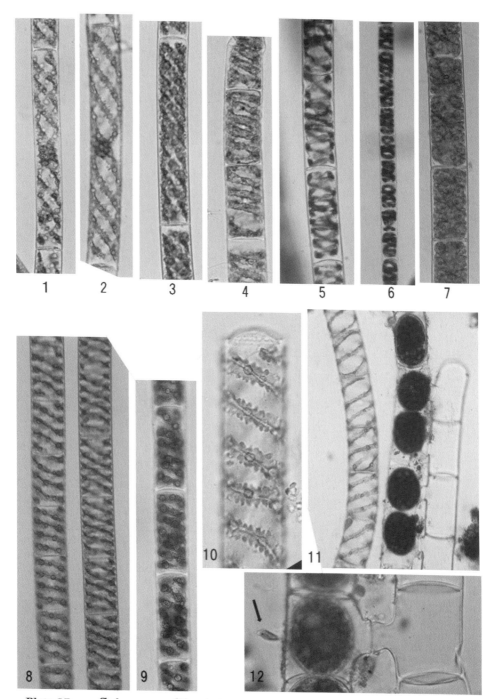

Plate 97　Spirogyra　(Figs. 1〜9, 11. ×250　　10, 12. ×500)
1〜12. *Spirogyra* spp. (p. 175)　　(10：リボン状の葉緑体とピレノイド、11〜12：接合，
12：矢印は、着生する *Hydrianum gracil* (p. 90))

デスミジウム科（チリモ科）Desmidiaceae

　単細胞性のものが多いが、糸状体性や群体性のものもある。ほとんどが浮遊性。細胞は楕円形、紡錘形、円筒形、三日月型などであるが、扁平なものや三角柱や四角柱のものなどがあり、頂面観も調べなければ正確な細胞の形はとらえられない。カバーグラスを軽くたたくと細胞の向きが変わり、様々な角度から見ることができる。

　コスマリウム属（ツヅミモ）Cosmarium を始めこの科の多くのものでは、細胞の中央に切れ込んだ、湾またはくびれという部分があって、そこを境として上半分、下半分をそれぞれ半細胞という。細胞分裂ではそのくびれから二つにわかれる。

クロステリウム属（ミカヅキモ属）Closterium

　単細胞性で浮遊性。湾曲して三日月型をしているが、直線に近いものもある。細胞の中央でのくびれははっきりしなく、両端は丸い。葉緑体は2個で、中軸から放射状に板状の突起が出ていて、横断面は星型。多数のピレノイドがある。非常に種類が多く、細胞の形、湾曲の度合い、細胞壁の条線などで分けられている。

1.　*Closterium acerosum* (SCHRANK) EHRENBERG　　　　　（ Plate 98　Figs. 1－6 ）

　細胞は大型。長さは幅の9〜14倍。わずかに湾曲し、中央より先端に向かって少しずつ細くなっている。先端近くではこれまで内側が凹面だったのがわずかに反転して凸面になっている。先端は円錐を切り取ったような形。細胞壁は無色で、繊細な条線が見える。ピレノイドは半細胞に7〜15個。細胞の幅 32－50 μm 、長さ 300－500 μm

2.　*Closterium gracile* BRÉBISSON　　　　　　　　（ Plate 98　Figs. 7－11 ）

　細胞は小型で細長い。長さは幅の 25〜40 倍。わずかに湾曲し、中央は両縁が平行で、両端で細くなり、先端は斜めに截形。細胞壁は無色で滑らか。細胞の幅 4－8 μm 、長さ 90－275 μm

3.　*Closterium praelongum* BRÉBISSON var. *brevius* (NORDSTEDT) KRIEGER

　　　　　　　　　　　　　　　　　　　　　　　　（ Plate 99　Figs. 1－3 ）

　基本種よりも短く、細胞は中型。長さは幅の 16〜23 倍。中央は膨れない。両端に向かって細くなり、先端近くでごくわずかに反り、先端は鈍頭。細胞壁には細点が連続する条線がある。細胞の幅 13－24 μm 、長さ 198－360（－440）μm

4.　*Closterium pritchardianum* ARCHER　　　　　　（ Plate 99　Figs. 4－6 ）

　細胞は大型で、長さは幅の 13〜14 倍。わずかに湾曲して中央は膨れない。両端に向かい細くなり、先端部で急に細くなり反転する。先端は切り取ったような形であるが丸みがある。細胞壁は褐色で、密な細点の列がある。細胞の幅 27－54 μm 、長さ 300－810 μm

コスマリウム属（ツヅミモ属）*Cosmarium*

単細胞性で浮遊性。細胞の正面観は、円形、楕円形、長方形などいろいろなものがあるが、何れも扁平で頂面観は楕円形（Plate 100　Figs. 4, 14）。細胞の中央のくびれは浅いものと深いものがある。細胞壁は平滑なもの、細点、細かな孔、いぼ状突起をもつものなど多様である。この属は種類数がきわめて多く、日本からも多くの種が観察されている。葉緑体は2個、板状または星形であるが、細胞の形によって変化したものが多い。ピレノイドはそれぞれの葉緑体に1～数個ある。

1. *Cosmarium abbreviatum* f. *minor* W. & G.S.WEST　　（Plate 100　Figs. 4−8）

基本種の 1/2 の大きさ。細胞は小型で幅と長さはほぼ同じ。くびれは深く湾は閉じ、湾奥はやや開く。半細胞は横に広い六角形で、頂面観は楕円形で細胞壁は平滑。

細胞の幅（6−）8.5−9 μm 、長さ（6−）8−8.4 μm

2. *Cosmarium tinctum* RALFS var. *tumidum* BORGE　　（Plate 100　Figs. 1−3）

細胞は小型で長さは幅よりわずかに長い。くびれは深くなく、湾は広く開く。半細胞はほぼ楕円形で頂部の中央部でくぼむ。細胞の幅（3−）10−13 μm 、長さ（3−）11−13 μm

3. *Cosmarium tumidum* LUNDELL var. *tumidum* f. *minus* MESSIKOMMER

（Plate 100　Figs. 9−16）

細胞は小型で長さは幅よりやや大きい。くびれは深く、湾は閉じ、湾奥は開く。半細胞はやや半円形の楕円形で、長辺は広い凸面。細胞壁には細点模様がある。

細胞の幅 14−17 μm 、長さ 17−20 μm

スタウラストルム属 *Staurastrum*

単細胞性で浮遊性。細胞は中央でくびれていて、それぞれを半細胞という。半細胞の形は、立体的には、逆三角錐や逆四角錐をしている。角からはいろいろな長さの刺や刺状の突起が出ている。頂面観は、2～8またはそれ以上の放射形をしている。この属は種類数がきわめて多い。葉緑体は2個で、中軸から突起が放射状に伸びたものと板状のものがある。ピレノイドはそれぞれの葉緑体に1～数個ある。

1. *Staurastrum iotanum* WOLLE var. *longatum* HIRANO　（Plate　101　Figs. 1−6）

基本種に比べて、細胞の頂辺の幅は狭く腕状突起は長い。くびれは深く湾は狭く開く。半細胞は四角く側縁は上方に広がる。突起は外方に向かって反り返り多数の節があり、先端部は截形で短い刺がある。半細胞の頂面観は二放射形。

細胞の幅は腕状突起を含めて 43（−50）μm 、長さは腕状突起を含めて 38.7（−45）μm

2. *Staurastrum natator* W. WEST　　　　　　　　　（Plate 102　Figs. 1−3）

細胞は中型で、腕状突起をふくめると細胞の幅は長さの約 1.2 倍。くびれは中程度で、湾は広

く開き奥は狭い。半細胞は倒立の三角形で側縁は上方に広がる。上方の角は伸びて、斜め上に向かう腕状突起となり、突起には多数の節があり先端部には 3 本の短い刺がある。頂面観は二放射形。

細胞の幅は腕状突起を含めて(42−) 53−67 μm 、長さは腕状突起を含めて(35−) 53−67 μm

3. *Staurastrum* sp. 1 （ Plate 102　　Figs. 4−7 ）

　細胞は小型で、腕状突起を除くと、幅よりも長さの方が大きい。頂面観は三放射形で細胞の角は丸い。腕状突起を含めない細胞の幅は 10−12 μm 、長さは 15−20 μm

4. *Staurastrum* sp. 2 （ Plate 102　　Figs. 8−12 ）

　細胞は小型で、腕状突起を除くと、幅よりも長さの方が大きい。頂面観は四放射形で、各角からは腕状突起が伸びる。

細胞の幅は腕状突起を含め 22−25 μm 、長さは腕状突起を含め 8−10 （−25） μm

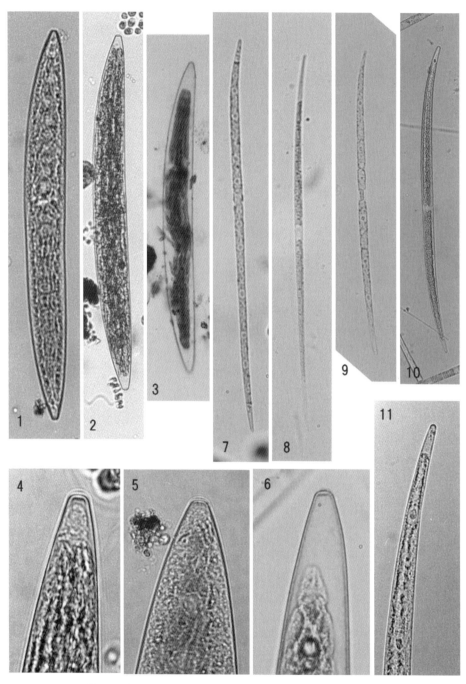

Plate 98　　Closterium　　(Figs. 1〜3.　×250　　4〜10.　×500　　11.　×1000)
1〜6.　*Closterium acerosum* (p. 178)　　　　7〜11.　*C. gracile* (p. 178)

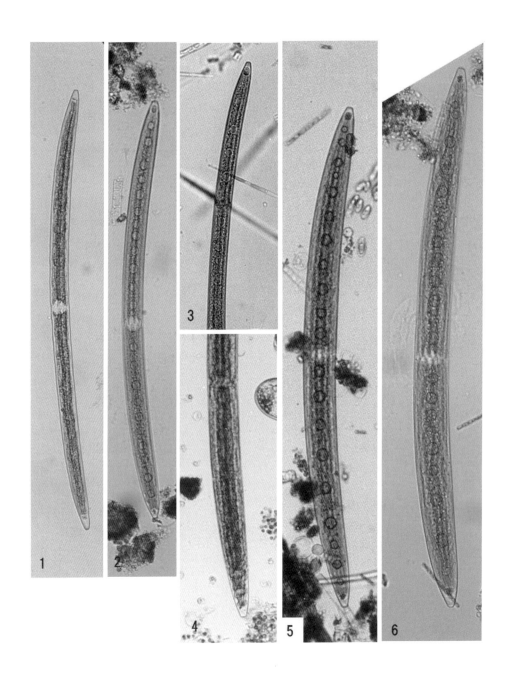

Plate 99　　Closterium　　(Figs. 1～6.　×250)
1～3.　*Closterium praelongum* var. *brevius*（p. 178）
4～6.　*C. pritchardianum*（p. 178）

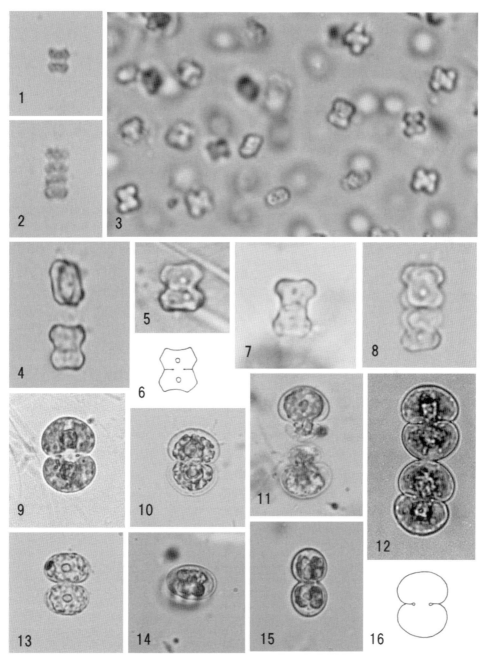

Plate 100　Cosmarium　　(Figs. 1〜8.　×2000　　9〜16.　×1000)
1〜3.　*Cosmarium tinctum* var. *tumidum* (p. 179)
4〜8.　*C. abbreviatum* f. *minor* (p. 179)　(4：頂面観)
9〜16.　*C. tumidum* var. *tumidum* f. *minus* (p. 179)
（11,12：細胞分裂　　14：頂面観　　15：側面観）

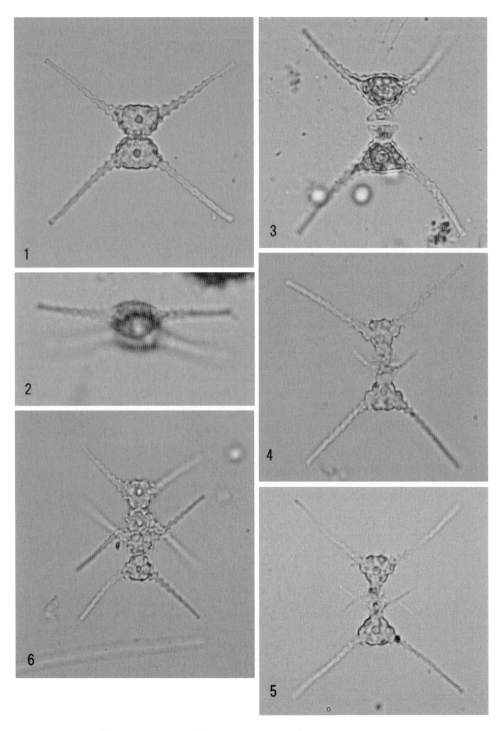

Plate 101　Staurastrum　　(Figs. 1〜6.　×1000)
1〜6.　*Staurastrum iotanum* var. *longatum*（p. 179）（ 2. 頂面観　　3〜6. 細胞分裂 ）

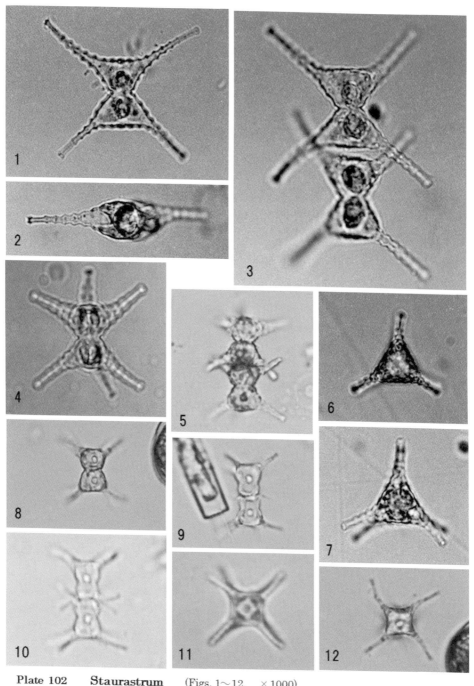

Plate 102　Staurastrum　(Figs. 1〜12.　×1000)
1〜3.　*Staurastrum natator*（p. 179）（2：頂面観　　3：細胞分裂）
4〜7.　*S.* sp. 1（p. 180）（6, 7：頂面観　　5：細胞分裂）
8〜12.　*S.* sp. 2（p. 180）（11, 12：頂面観　　9, 10：細胞分裂）

白幡沼の藍藻

　藍藻類は藍色細菌 Cyanobacteria ともよばれている。藻体は単細胞性、多数の細胞が群集した群体性、糸状体性などで鞭毛をもつ遊泳性のものはない。いずれも浮遊性のプランクトンである。

　他の藻類と同じく光合成をするが、核質を取り巻く核膜のない原核生物の仲間で、また葉緑体やミトコンドリアなどの構造体もない。藍藻と藻の字がつくが他の藻類からは縁が遠く、むしろ細菌に近いと考えられている。

　顕微鏡で見ると藍藻の多くの種では、他の藻類のように細胞内の構造がはっきりしない。また、光合成色素としてフィコシアニンという青藍色の色素タンパク質をもっているために細胞は淡い青藍色をしている。

　浮遊性の藍藻は、細胞内にガス胞をもっているために、水面に浮かんでいることが多い。また藍藻が多いサンプルでは、ホルマリンを入れると標本ビンの表層に浮かぶ。

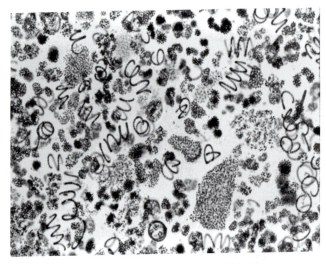

≪ 写真4. ミクロキスチス属（小さい単細胞が不定形の塊をつくっている）、アナバエナ属（短い螺旋）、アルトロスピラ属（長い螺旋）などの藻の群生した青粉(アオコ) ≫

　白幡沼でも藍藻の大発生を何度も観察している。大量に発生すると水の色が明るい青緑色に変わり、かび臭くなることがある。アオコとよばれる大量の藍藻のかたまりが浮かんで水面をおおうことがあり（写真4、6）、糸状体のオスキラトリア属 Oscillatoria が増えた藻塊にエウグレナ属 Euglena や緑藻がからまった暗緑色の塊が水面に浮かぶこともある。（写真7）

≪写真5. 藍藻が少ない≫　　≪写真6. 増殖したアオコ≫　　≪写真7. 暗緑色の藍藻の塊が漂う≫

白幡沼では次のような群体性や糸状体性で浮遊性の藍藻が見られたが、種名までは明らかにできなかった。

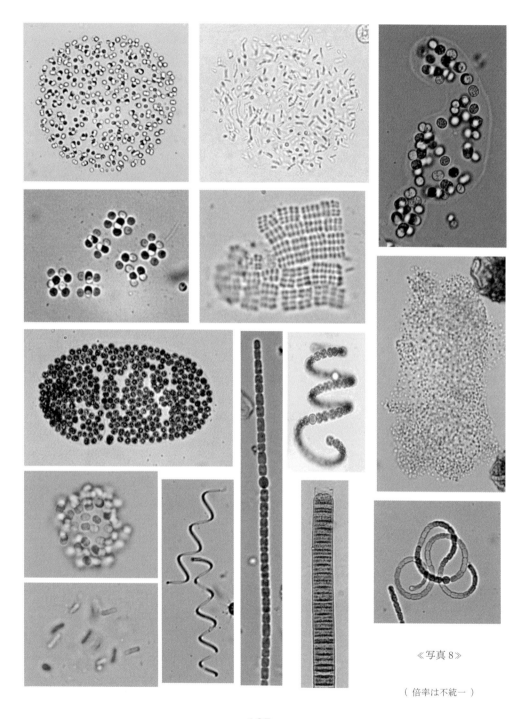

《写真8》

（倍率は不統一）

プランクトンの季節的消長

　年間を通して白幡沼の水を見ていると、明るい緑色、濃い緑茶色、褐色など色合いだけでなく透明の度合いも変化していることに気がつくが、何が原因でこのような変化が起きるのだろうか。

　これには、プランクトンの種類や個体数が関係していると考えられる。そこで、季節によって白幡沼のプランクトンの種類や個体数がどのように変化しているのかを調べてみることにした。

　珪藻は、沼の底の泥上に生育しているものは水の撹拌によって少数のものが浮遊しているが、真のプランクトン性のものは少ない。また、藍藻は水の華（アオコ）として年に何度か大量に発生したことがあったが、水の華は p.186　写真 4 のように、群体性のミクロキスチス属 *Microcystis*、糸状体性のアナバエナ属 *Anabaena* やアストロスピラ属 *Arthrospira* などが混生して密集したもので、他のプランクトン性の緑藻類や緑虫藻類などの単細胞性のものとは異なり、細胞数や群体の計測は困難であった。そのために、珪藻類とともに藍藻類も、次に述べる今回の調査からは省いた。

採水と観察

　白幡沼に生育しているプランクトンの種類とそれぞれの個体数の季節的消長を調べるために、2001 年 1 月から 2003 年 1 月までの 2 年間、半月ごとに合計 48 回、同じ場所（ p. 2　図 1：A ）で 12 時から 13 時の間に沼の水を採水した。　採水した水はすぐに 1 ℓ のメスシリンダーに入れホルマリン 10 cc を加え、そのまま静置し沈殿させた。透明になった上澄みを、残り 20 cc になるまでアスピレーターで取り除いたが、沈殿物が少ないときは 10 cc にした。遠心沈殿処理は、器具の関係でおこなわなかった。沈殿させたものをピペットで懸濁し、Fuchs–Rosenthal の血球計算盤に滴下してカバーグラスをかけ、属ごとに個体数をカウントした。

　またこの採水時に、プランクトンネットを使った採集をし、水温も測定した。

水温と pH

　水温は、採水場所の水深約 10 cm のところで測定した。

　春から夏にかけては、気温の変化にしたがい水温も上がり、8 月にはピークがあり、秋から冬にかけて下がっていった。（ p. 189　図 7 ）

　7 月から 9 月にかけては水温が 30℃ を越えたが、冬には水温が低下して、沼の周辺の浅いところでは、薄く氷が張ることがあった。グラフがなだらかにならないのは、採水場所が浅く気温の影響を受けやすいためと思われる。　最高水温は 36.0℃（ 2002 年 8 月 2 日，15 日 ）、最低

は3.0℃（2001年1月19日）だった。

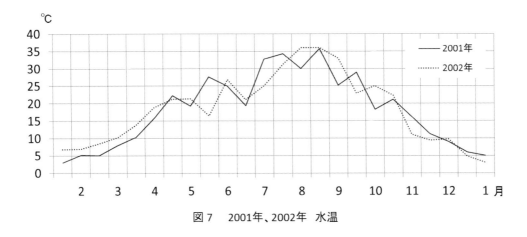

図7　2001年、2002年　水温

pHはこの調査の間には測定しなかったが、そのほかの年では年間を通して8〜11の間の塩基性を示し、夏季に高くなり冬季にはやや低くなる傾向があった。

どのくらいの数のプランクトンがいたのか

　この沼には水の色を変えるほどのたくさんのプランクトンが住んでいる。いったいどんな種類のどのくらいの数のプランクトンがこの沼にいるのだろうか。とはいっても、草原のライオンの数を数えるのとはちがいこれを調べるのはとてもむずかしい。1滴の水なら調べられるが、10 ccの沈殿物の中から1滴とっても、たまたまその中に入っていたということがあるだろうし、たくさんいても、たまたま入らなかったということもある。それに、沼ならどこでも一様にプランクトンがいるとは限らない。そこで、調査可能な量1ℓについて調べることにした。

　白幡沼の水1ℓ中に存在するすべての属のプランクトンの個体数の合計（総個体数）は、p.190図8のようになった。1年間に出現した個体数を合計すると、2001年のほうが2002年の1.14倍で、大きな差はなかった。最も多かったのは2001年8月2日で、1ℓ中に43,160,000個体だった。（p.190　図8：A）　最も少なかったのは、2001年2月3日の969,000個体で、最大時の約1/40だった。（図8：B）　最も多かった2001年8月2日の白幡沼の水1ℓ中には、日本の人口の3分の1ほどの数のプランクトンがいたことになる。この数の多さと個体数の変動の大きさが、水の色や透明度が変わる原因になるのではないかと考えられる。

毎年同じか

2001年と2002年のグラフは同じ形にはならなかったが、どちらも夏に多く冬に少ない傾向がみられ、4月から10月にかけて大小いくつかの山ができていた。（図8）

ではなぜ年によってグラフの形が異なったり、山や谷ができるのだろうか。

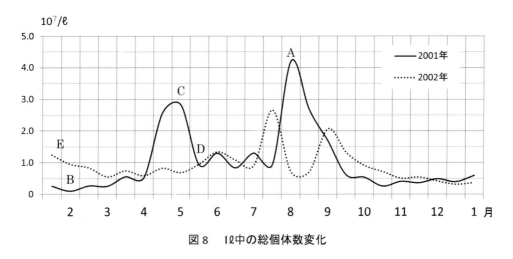

図8　1ℓ中の総個体数変化

2001年の山と谷

2001年は、4月から5月にかけて急激な増加があり、その半月後には個体数が3分の1にまで減少している。（図8：C, D）

この5月1日のピーク（図8：C）は、特定の属の種が増えたためなのか、それともどの属の種も一様に増えたためにできたのだろうか。このピーク時の個体数の多いもの上位4つのグループである *Scenedesmus* 属、Chlamydomonas 科、*Monoraphidium* 属、*Schroederia* 属に注目して、2001年の1ℓ中の4グループの個体数変化をグラフにしてみた。（図9）

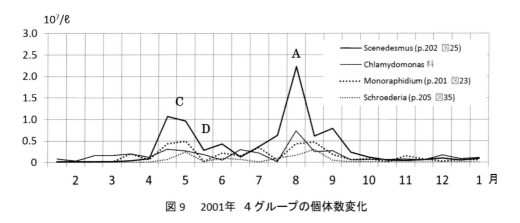

図9　2001年　4グループの個体数変化

（Chlamydomonas 科では、単細胞性のものが多くみられたが、それらは類似種が多く属、種の同定が難しかったので、まとめて科として合計数を示した。）

5月1日には、この4グループのプランクトンが全体の69%を占めた。この5月の山（p.190 図8：C）は、この4つのグループの影響するところが大きいが、ほかのプランクトンでも増加がみられた。

半月後の5月15日には、それぞれの個体数は、*Scenedesmus* 70%の減少、Chlamydomonas 科66%の減少、*Monoraphidium* 94%の減少、*Schroederia* 99%の減少となった。ほかの属のプランクトンは、個体数は少ないが同様の傾向がみられた。この急激な減少がおきた5月15日には、これら4グループのプランクトンたちは、総個体数の55%を占めていた。（p.190　図8：D 図9：D）

7月14日から8月2日の半月の間には、総個体数が約4倍になる急激な増加が起こり（p.190 図8：A）、この年のピーク時の8月2日には、この4グループが全体に占める割合は85%だった。*Scenedesmus* 属はこの半月の間に3.5倍に増え、8月2日には総個体数の53%をしめた。8月の急増はこの属のプランクトンの増加が主な原因となっている。（p.190 図9：A）

増加の原因としては、水に含まれる窒素やリンなどの水質、藍藻の増加、水温など様々なことが考えられる。水質については今回調査していないので、それと増減の関係についてはわからないので、以下水温と藍藻に注目してみる。

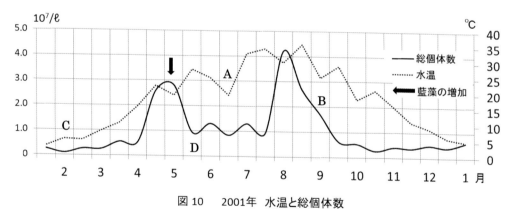

図10　2001年　水温と総個体数

水温については、2001年、2002年ともいくつもの山ができている（p.189　図7）。

2001年の6月15日にはやや気温の低下が見られたが（図10：A）、この時はすでに5月の急激な増加とそのあとの減少が終わっているので、この水温の低下が5月の山の形成には関係していない。8月後半から始まる減少（図10：B）は、高水温が関係しているのかもしれない。

また、計測は半月に一度なので、グラフに表れていない高水温の時があった可能性もある。

　藍藻は夏に増加する傾向がある。（p.186）　2001年は5月のはじめより群体性の*Microcystis*や糸状体性の*Anabaena*などの藍藻が顕著になりはじめ（p.191　図10　矢印）、それが9月まで続いた。　藍藻が多いと、ホルマリン固定をすると綿のようにサンプル瓶の底に積もったり浮かんだりする。

　5月と8月から9月にかけての個体数の減少（p.191　図10：D, B）は、この時期に藍藻が多くなったことが関係していると考えられる。　しかし、7月から8月はじめにかけては藍藻の少ない時期とは言えないのに、*Scenedesmus*などが急増している。（p.190　図9：A）増減の原因は単純なものではなく、藍藻以外についても考えなければならないだろう。

　2001年2月3日は、この2年間で最低の個体数だった。（p.190　図8：B）この日と次の採水日の2月17日には、水は透明になり黒い藍藻由来の塊が漂っていた。（p.186　写真7）　白幡沼では、藍藻は夏だけでなく水温の低い季節でも増えることがある。

2002年の山と谷

　この年の特徴は、8月の大きな減少と1月にやや個体数が増加していることである。8月の減少時には、冬の最低個体数近くまで減少している。（図 11：A, B）

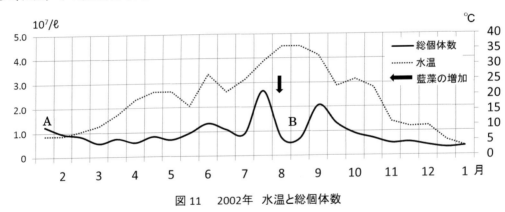

図11　2002年　水温と総個体数

　この年の8月のプランクトンの減少については、高水温が原因の一つとして考えられる。連続して35℃を越えるようなことがなければ、山は二つではなく、8月にピークをもつ一つの山になったとも考えられる。　6月14日から9月2日までの間は水位も低く、ふだんなら水没している岸近くのコンクリートブロックが露出していた。水量が少ないと、水温が気温の影響を強く受け

る。この年の夏は高水温が続き、プランクトンにとって白幡沼は厳しい環境だったのかもしれない。

次は藍藻についてであるが、プランクトンネットで別に採集した8月2日～9月18日のサンプルの中には、群体性の *Microcystis* や糸状体性の藍藻が大量にみられた。また、8月2日の採水時には岸に立つとかびのにおいがし、藍藻由来の黒い浮遊物がみられた。藍藻が大発生し水面に集まると光が遮られ、さらに水中の酸素不足もおこる。

この高水温が続いた2002年の夏にも藍藻が大発生したが、そのために他のプランクトンが大きなダメージを受けて減少したのではないかと考えられる。（p.192　図11　矢印）

2002年の1月から3月にかけては、前年の同じ時期より個体数が多い。（p.190　図8：E）これは、この年に *Gonium sociale*（Plate. 40　Fig.1～4 , p.204　図32）1種が増えたためで、2月2日には全個体数の67％を占めた。（図12：A）

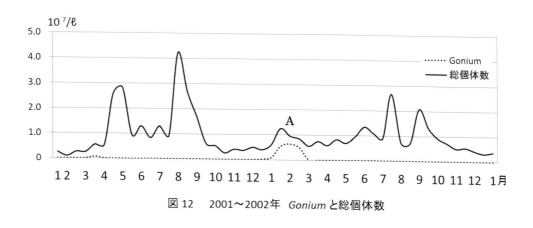

図12　2001～2002年　*Gonium* と総個体数

白幡沼では爆発的といっていいほど同じ種が増えることがある。しかし、急激に増加してもまもなく大きく減少するか姿を消してしまう。このような現象は、白幡沼では、*Peridinium*（Plate. 8　Figs. 1～7）、*Gonium*（Plate 40　Figs.1～4）、*Cosmarium*（Plate 100　Figs.1～3）で観察され、2001年8月の *Scenedesmus* の急激な増加（p.190　図9：A）もそれに入るかもしれない。

養殖池などは水も富栄養になっていて各種のプランクトンが増殖し緑色になっていることが多い。しかし、何かの原因でプランクトンが急激に枯死して水質が変わり、養殖している魚が大

量に死滅することがある。この現象は昔から知られていて「水変わり」とよばれている。（水の華は増殖した藍藻などが水面に浮遊したもの）水変わりの後は別のプランクトンが増殖して、池の水質は回復する。

　もともと生物には、それぞれの生活に有利な生活の場、生態的地位（ニッチ　niche ）が決まっていて、養殖池などの止水域でA種、B種が生息している場合、A種に有利な生活の場であればA種が急激に増殖する。しかし、増殖しすぎてA種に不利な環境に変われば減少して、代わりにB種が増殖するというように、生育する環境の変化に伴って生存するプランクトンの種や量が変化すると考えられている。

どんなプランクトンが多かったのか

　2001年5月のピークでは、*Scenedesmus*属、Chlamydomonas科、*Monoraphidium*属、*Schroederia*属の4つのグループに注目したが（p.190　図9）、ほかの属はどうなのだろうか。それぞれの年に出現した個体数を合計したところ、上位15属は次の図13のようになった。

　どの年でも際立って多いのは、*Scenedesmus*属と*Monoraphidium*属のプランクトンである。両年を比較して個体数の変化が大きかったのは、*Gonium*、*Dinobryon*の2属だった。*Gonium*属はすべて *Gonium sociale* （Plate 40　Figs. 1～4）1種で、2002年は前年と比較すると約8倍の増加だった。*Dinobryon* 属もすべて *Dinobryon sertularia* （Plate 2　Figs. 1～5）1種で、前年と比較して43倍の増加だった。この両種は、11月から5月のあいだに見られ、夏季には姿を消した。（p. 204　図 31、32）

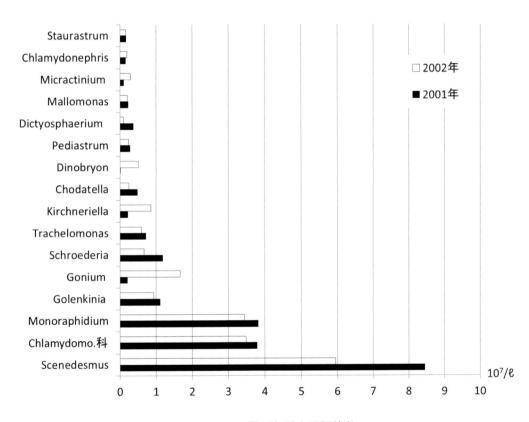

図 13　　属別年間出現個体数

*Scenedesmus*に有利な何か

　図14からもわかるように、スケネデスムス属 *Scenedesms* の個体数が際立って多い。この属は種の数が多く、Komárek & Fott（1983）は102種を記載しているが、白幡沼でも39種類が出ている。個体数が多いので全体に占める割合も大きく、夏季にそれが顕著になる *Scenedesmus* は、2001年7月14日は全体の68％、2002年8月15日は56％を占めた。（図14：A, B）

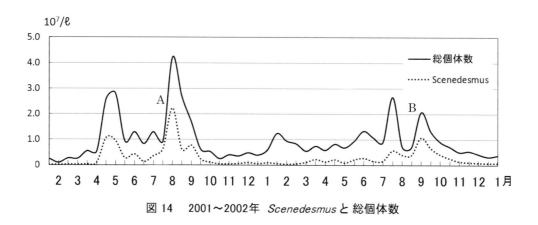

図14　2001～2002年 *Scenedesmus* と総個体数

　ダーウィンは「種の起源」で以下のように書いている。*Scenedesmus* のような1つの属中の種数の多さや個体数の多さ、急速な増減は、プランクトンに限ったことではないようだ。

第二章　自然のもとでの変異　　（ダーウィン　八杉龍一訳　2001　文中の_____,「　」は筆者加筆）

「同属の多数の種が一つの国に住んでいるということは、その国の有機的あるいは無機的条件の中にその属にとって有利な何かがあることを示している」

第三章　生存闘争

「あらゆる動植物は幾何学的の比で増加する傾向を持つこと、存続しうる場所ならどこでも、きわめて急速にそこをみたすこと、そして幾何学的な増加の傾向は、生涯のどの時期かに破壊によって制限されているはずだ。」

「闘争しなければならない生物間の抑制作用や関係がいかに複雑で、また予想外のものであるかを示す多くの例が、記録されている。」

「こうして、つねにその数がますます錯綜した円をかいてすすんでいくことになる。自然界においてはつねに、関係はこのように単純ではありえない。戦闘のうちにまた、戦闘がくりかえしおこり、勝利もさまざまである。しかし長い期間をとってみると、もろもろの力はよく均衡がとれて、ごくつまらないことがある生物に他の生物にたいする勝利をおさめさせることも、たしかにしばしばあるけれども、自然の顔は長年月にわたって、いつもおなじようなのである。」

白幡沼という国には、*Scenedesmus*にとってどんな「有利な何か」があるのだろうか。「ごくつまらないこと」とはなんだろうか。「錯綜した円」であるがゆえに、増減について考察するのが難しいのだろう。

季節によってプランクトンの豊かさはどう変わったのか

この沼の季節によるプランクトンの豊かさの変化をみるために、属数に注目してみた。計算盤を使ったカウントだけでは、個体数の少ない種類はもれてしまうことがある。そこで、採水と同時にプランクトンネットでの採集をしておき、それを、新しい種が出てこなくなるまで、スライドグラスを取り換えて調べておいた。その時に観察された属の数をグラフにしてみた。（図15）

最も属数が多いのは、2002年6月14日と7月2日の44属、最も少ないのは2001年8月2日と2002年8月2日の13属だった。最大と最少では3倍以上の開きがある。グラフに35と20の位置に横線を引いてみた。（図16）

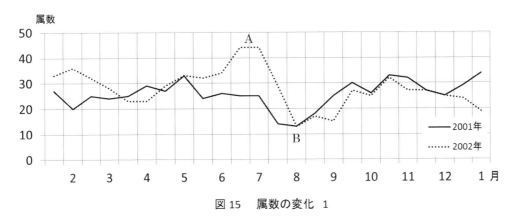

図15　属数の変化　1

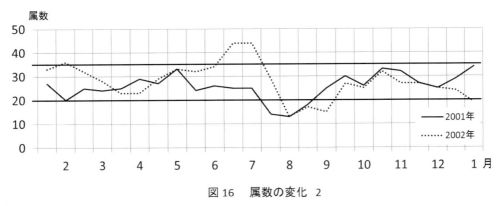

図16　属数の変化　2

ほとんどがこの範囲に収まったが、2002年6月14日と7月2日は44属ときわ立って多く（p.197　図 15：A）、どちらの年もその後8月にかけて属数が減少している。低温期に減少するのではないかと考え、2000年と2003年の2月についても調べたが（表3）、水温の低い冬でも、7～8月のような目立った属数の減少はみられなかった。白幡沼の場合、プランクトンの属数は夏季に変動が大きく、冬季でも属数は減少しないといえる。属数と総個体数に注目して以下のようなグラフを作ってみた。（図17, 18）

	属数
2000.02.18	29
2001.02.17	25
2002.02.18	32
2003.02.18	31

表 3

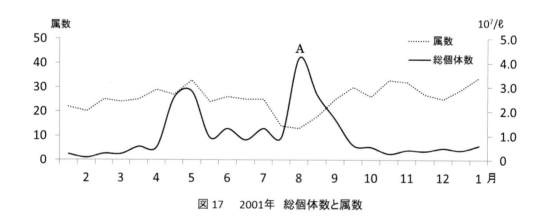

図17　2001年　総個体数と属数

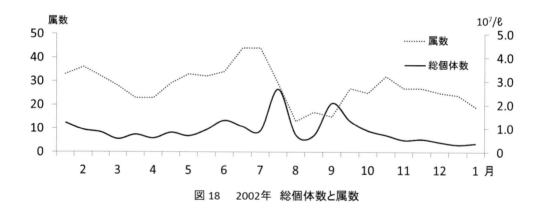

図18　2002年　総個体数と属数

2001年の夏の属数が最低にもかかわらず個体数が突出しているが（図17：A）、ほかの属のプランクトンが減少している中で少数の属、とりわけ *Scenedesmus* 属 が大きく増加したことがこれからもわかる。（p.190　図9：A）

198

生活相の型（生活相の周期性）

　陸上生活をする草本植物では、草体が成長する栄養相、開花・結実する生殖相、種子で越冬休眠する休眠相があるが、その周期は種によって一定していて、毎年同じように繰り返される。これを生活相の型、または生活相の周期性とよぶ。淡水藻でもスピロギラ属、オエドゴニウム属など有性生殖をするものについて、有性生殖をする時期を生殖相ととらえて、次の1〜6のような6型の生活相を考えた研究者がある。また、それを図示したのが、表4である。

1. 春季型（秋の終わり頃、あるいは早春のころから栄養相のものが現れ、春に生殖相に入る）
2. 夏季型（早春から次第に栄養相のものが現れ、夏の高温期に生殖相に入る）
3. 秋季型（春から夏にかけて栄養相のものが増殖し、秋に生殖相が現れる）
4. 冬季型（晩秋から栄養相が現れて、冬から早春の低温期に生殖相が現れる）
5. 周年型（分裂によって無性生殖を繰り返し、年間を通して生殖相が見られるが、低温の冬季には少ない）
6. 短期型（一時期に、岩のくぼみなどの水たまりに発生し、水が涸れると休眠胞子をつくり休眠相に入る。発生期は不定期である）

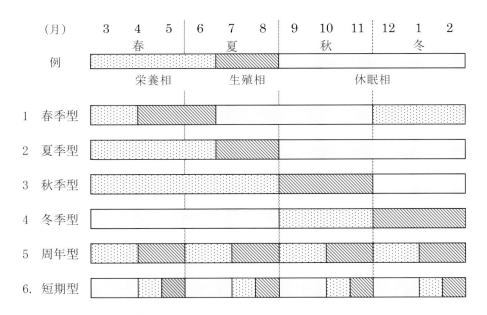

表4　生活相の型　　　　　（山岸 1999 より改変）

プランクトン性のほとんどのものは細胞分裂によって増殖するだけで、有性生殖をするものは少ない。そこで分裂増殖期を生殖相としてとらえると、栄養相から生殖相に入ると細胞数は著しく増加し、それが終われば次第に減少して休眠相に入ると考えることができる。

白幡沼に春季型を示すプランクトンが多ければ、総個体数のグラフは春から夏にかけて山を描き、冬季には減少する。また、そこに秋季型を示すプランクトンが加われば、グラフの形はまた異なったものになるだろう。

ここまでは、個体数の増減の原因として藍藻と水温について考えてきたが、それに加えて、それぞれのプランクトンの生活相の型が、個体数増減のグラフの形にどんな影響を与えているか考えてみることにした。そこで、それぞれのプランクトンの周期性を調べてみた。

出現個体数の多いもの上位 16 から Chlamydomonas 科を除く 15 属（p.195　図 13）と、その他に個体数の多い *Actinastrum* と *Euglena* の 2 属を加え、あわせて 17 属について 2 年間の相対的な増減のグラフを作り、生活相の周期性を調べてみた。（p.200　図 19 〜 p.205　図 35）

計算盤を使っての調査では、少量の水の中の個体をカウントするので、その時期にその属のプランクトンが白幡沼にいても、数えもれてしまう可能性がある。そこで、各採水時に別にプランクトンネットで採集（p.188）しておいたものを調べておいた。その属の個体が観察された場合、各図の下部に ○ 印で表した。それぞれの図の縦軸のスケールは異なる。

1. **周年型**　（年間を通して生殖相が見られ、低温期の冬季には少ない）

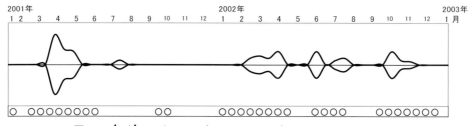

図 19　***Actinastrum***　（p. 135　Pl. 72）最大個体数：$4.6 \times 10^5 /\ell$

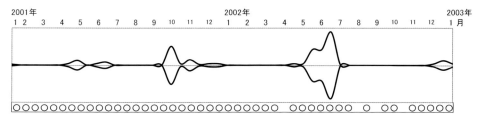

図 20 ***Euglena*** （p. 27〜30 Pl. 10〜16） 最大個体数：$7.1 \times 10^5/\ell$

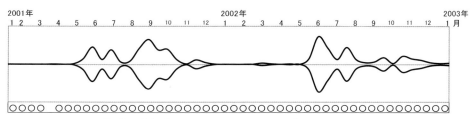

図 21 ***Golenkinia*** （p. 123〜124 Pl. 66） 最大個体数：$2.4 \times 10^6/\ell$

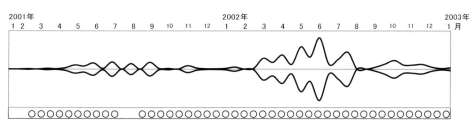

図 22 ***Kirchneriella*** （p. 108〜109 Pl. 56〜58） 最大個体数：$1.6 \times 10^6/\ell$

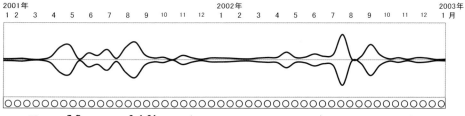

図 23 ***Monoraphidium*** （p. 109〜110 Pl. 58〜60） 最大個体数：$8.7 \times 10^6/\ell$

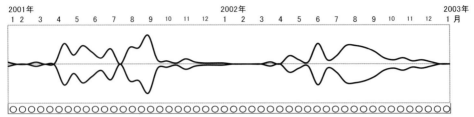
図24 *Pediastrum* （p. 165〜167 Pl. 92〜95） 最大個体数：$4.7×10^5$/ℓ

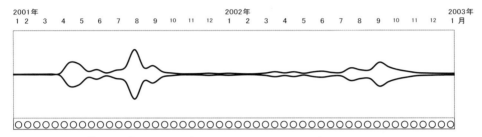
図25 *Scenedesmus* （p. 145〜150 Pl. 77〜89） 最大個体数：$2.2×10^7$/ℓ

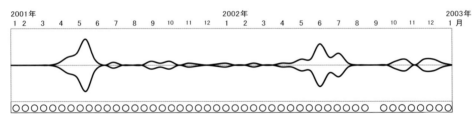
図26 *Staurastrum* （p. 179〜180 Pl. 101〜102） 最大個体数：$6.6×10^5$/ℓ

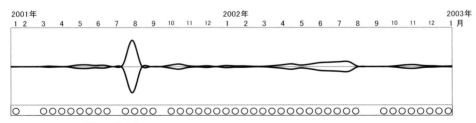
図27 *Trachelomonas* （p. 63〜67 Pl. 31〜35） 最大個体数：$4.4×10^6$/ℓ

2. 周年型 （周年型だが低温期の冬季にも個体数は減少しない）

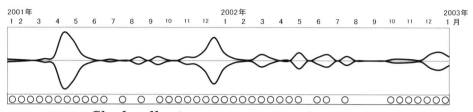

図28 *Chodatella* （p.102〜103 Pl.53〜54） 最大個体数：$1.1×10^6/ℓ$

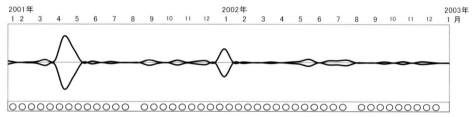

図29 *Dictyosphaerium* （p.130 Pl.69〜70） 最大個体数：$1.3×10^6/ℓ$

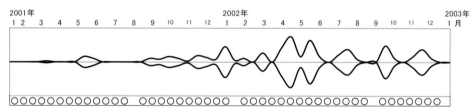

図30 *Micractinium* （p.124 Pl.67） 最大個体数：$4.8×10^5/ℓ$

3. 春季型 （秋の終わりごろあるいは早春から栄養相のものが現れ、春に生殖相に入る）

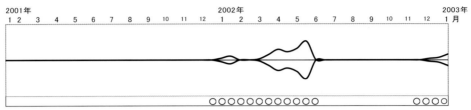

図 31 *Dinobryon* （p. 9 Pl. 2）最大個体数：$1.3×10^6/ℓ$

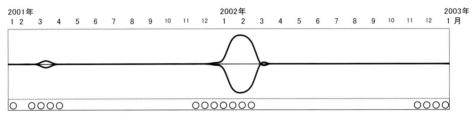

図 32 *Gonium* （p. 78 Pl. 39, 40）最大個体数：$6.3×10^6/ℓ$

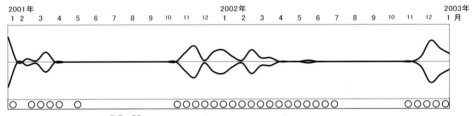

図 33 *Mallomonas* （p. 9～10 Pl. 3）最大個体数：$6.5×10^5/ℓ$

4. 秋季型　（春から夏にかけて栄養相のものが増殖し、低温期に生殖相が現れる）

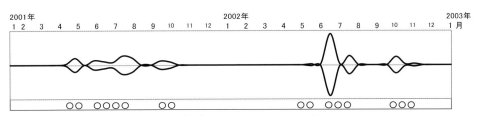

図 34 *Chlamydonephris* （p. 74〜75 Pl. 41）最大個体数：$1.2 \times 10^6/ℓ$

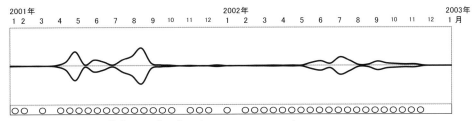

図 35 *Schroederia* （p. 89〜90 Pl. 47）最大個体数：$3.0 \times 10^6/ℓ$

表 5　周年型　（年間を通して生殖相が見られるが低温期の冬季には少ない。）

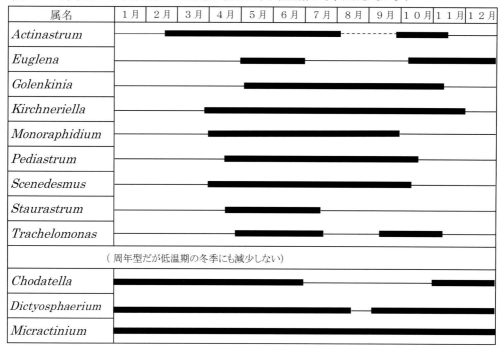

表 6　春季型　（秋の終わり頃あるいは早春から栄養相のものが現れ、春に生殖相に入る）

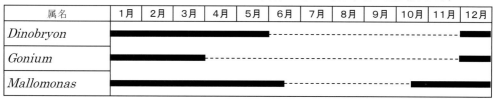

表 7　秋季型　（春から夏にかけて栄養相のものが増殖、生殖相が秋に現れる）

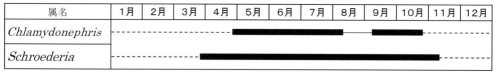

━━━ 個体数が多い　　─── 個体数が少ない　　--------- 観察されないか極めて少ない

周年型	冬季に個体数が減少する （図 19〜27）	*Actinastrum Euglena Golenkinia Kirchneriella Monoraphidium Pediastrum Scenedesmus Staurastrum Trachelomonas*
	冬季に個体数が減少しない （図 28〜30）	*Chodatella Dictyosphaerium Micractinium*
春季型	（図 31〜33）	*Dinobryon Gonium Mallomonas*
秋季型	（図 34〜35）	*Chlamydonephris Schroederia*

表8

三種類の型

白幡沼のプランクトンの生活相について調べたところ、周年型、春季型、秋季型の3種類の型を示すものがいた。（表8）また、周年型ではあるが低温の冬季に個体数が減少しない属もあった。（p.203 図28〜30）

周年型は12属中10属が緑藻類（p.74 〜 185）、2属が緑虫藻類（p.27 〜 73）であった。春季型は3属のうち2属は、黄色鞭毛藻類（p.8 〜 14）の*Dinobryon* と *Mallomonas*で、秋季型はすべて緑藻類であった。また、個体数が少なかったので今回とりあげなかったが、渦鞭毛藻類の*Peridinium*（p.21）は春季型と考えられる。 特徴的な夏季型、冬季型を示すプランクトンは見られなかった。

生殖相になる時期が来ても、すべての個体が生殖相に入るのではなく、栄養相のままで残っている個体も少数だがいるようだ。カウントされた個体数が少ないものは、生殖相が見えてこないこともあるだろうから、上記の他にも型をもつものがいると思われる。

また、型に当てはまったものでも、厳密にみていくとあいまいなところが見つかる。プランクトンの増減には様々な要素が関係しているので、型が浮かび上がってきたからといっても、きっちりあてはまると考えることには無理があるようだ。（p.199 ）

調べた17属のうち、周年型で低温の冬季に個体数を減らす属が、半数の9属あったが、4月から10月かけてできたいくつかの大きな山（p.190 図8）は、これらの属のプランクトンがこの時期に増えたことが関係していると考えられる。

季節的消長のまとめ

　季節によって白幡沼の水の色が変わるのはなぜだろうと考え、発生するプランクトンの種類や数量を計測してみた。白幡沼のプランクトンの種類や個体数が年間を通してどのように変化しているか、また変動の原因についても明らかにしようとした。

　年間を通して見ると、白幡沼のプランクトンの数には大きな変動があった。（p.190　図 8）最も多かったのは 2001 年 8 月 2 日で、1 ℓ 中に 43,160,000 個体だった。最も少なかったのは、2001 年 2 月 3 日の 969,000 個体で、最大時の約 1/40 だった。

　調査した 2001 年と 2002 年では個体数変化のグラフは同じ形にはならなかったが、どちらも夏に多く冬に少ない傾向がみられ、4 月から 9 月にかけて急速で大きな増減と小さな増減が複数みられた。

　夏季には水温が 35℃を超える日が続くことがあり（p.189　図 7、p.191　図 10、p.192　図 11）、プランクトンの個体数の急激な減少には、この高水温や、高水温による藍藻の大発生が関係していると思われる。

　白幡沼では爆発的に同じ種や同じ属のプランクトンが増えることがあるが、急激に増加してもまもなく大きく減少するか姿を消してしまう。 2001 年夏の急増には *Scenedesmus* 属のプランクトンの増加がかかわっているが（p.196　図 14）、この時のこの属の増加や減少を引き起こした原因はわからない。

　両年を通して個体数が多かったのは *Scenedesmus*、*Monoraphidium* で、個体数の変化が大きかったのは、*Gonium*、*Dinobryon* の 2 属だった。（p.195　図 13）

　藍藻の増加は夏にひんぱんに見られるが、冬などほかの季節にもおこっていた。藍藻の増加はほかのプランクトンに大きな影響を及ぼしていると考えられる。（p. 191 図 10 、p.192　図 11）

　属数から見たプランクトンの豊かさについては、夏季に属数の変動が大きく、冬の属数の減少はみられず（p.197　図 15 、16）、白幡沼では水温の低い冬にも豊かさが保たれていると言える。

　季節的消長については周年型、春季型、秋季型の 3 つの型（p.206　表 5〜7　p.207　表 8）が見えてきた。周年型でも低温期の冬季にも個体数が減少しないものもあった。

　増減の要因として、水温と藍藻と個々のプランクトンの生活相の型について考察してみたが、これらのほかには、他のプランクトンとの相互の関係、あらたにこの沼に入ってきたプランクトンとの関係、捕食などプランクトン以外の生物の影響、無機物や有機物の量、pH などの水質の

変化、光周期、水深の変化などがあげられるが、それらがどのように関係しあっているのかは不明である。

　季節によって白幡沼の水の色が変わるのはなぜだろうと考え、発生するプランクトンの数量を計測してみた。その結果、沼の水の中に発生、生育するプランクトンの種や量が季節によって変化することがわかった。

　では、なぜプランクトンの種や量が季節によって変わるのだろうか。生育するプランクトンの生活の場である沼の化学的、物理的な要素も関係しているのであろうが、高校の生物科の準備室にある器具や顕微鏡だけでは、これ以上要素との関連については、理解できるほどの結果は得られなかった。

はじめての藻類

≪ にごった水 ≫

　多くの人は、池や沼の水は透明な方がよく、にごれば汚染されていると思っている。白幡沼でプランクトンネットを引いていると、通りがかりの人が 「水質検査ですか?」 「ここは汚れているでしょう」 と声をかけてくる。 確かに池の水もネットでこされた水も、緑がかった泥水をうすめたような色をしていて、美しいとは言いがたい。

　私はそのたびに 「このにごりはすべて目に見えない小さな生き物です。ここはとても生き物が豊かでいい沼なんですよ」 と答えてきた。通りがかりの人との会話はそこでとだえる。半信半疑なのだ。顕微鏡をのぞけばたちどころに理解してもらえるのだが。

　機会を見つけてのぞいてもらうと、おどろいて 「動物園のようだ」 と言う人もいる。視野いっぱいに様々な形をした小さな生き物が動き回っている。ミジンコやワムシはもちろんだが、それより小さいがおびただしい数の藻類が見られる。あるものはゆっくり、あるものはかなり速く、あっちこっちに動いている。もちろん動かないものも多いが、それらの形の豊かさは見ていて飽きない。 ほとんどの人が、こんな身近にこんなとんでもないアナザ ワールドがあるとは思ってもみない。

≪ 例外の多い藻類 ≫

　この本のタイトルは 「白幡沼の浮遊性藻類」 であるが、藻類という言葉はあまり耳にしない。コンブやワカメは誰でも知っている藻類だが、この本の p.8 ～ p.185 で述べたプランクトンも藻類の仲間である。

　海の中はもちろん地球上の水の中には様々な藻類がいる。藻類をひとことで説明するとしたら、「水の中にすむ小さな植物」 と言えるだろうか。

　ただし、そう言ってしまうと、例外があとからあとから出てくる。たとえば、小さくないものもいる。シャジクモは手に取ることができるほどの大きさであるし、たくさん増えたアオミドロやアミミドロは手ですくって手のひらに載せることができる。コンブやワカメの大きさについてはいうまでもない。 水の中ではなく、トンネルの照明のまわり、石や木の幹やブロック塀が粉を吹いたような緑色をしていれば、それも藻類。 少しの湿り気と光があれば、水の中でなくても生活できるものもいる。 クラミドモナス（ Plate 36, 37 ）の仲間には、低温の雪や氷の上で生活しているものもいる。カトジニウム（ Plate 6 ）やメノイジウム（ Plate 16 ）は、葉緑体をもっていない。シヌラ（ Plate 1 ）、ペリジニウム（ Plate 7, 8 ）、エウグレナ（ Plate 10～16 ）などは、葉緑体をもっているのに鞭毛をもっていて活発に動きまわり、動物プランクトン

図鑑にも載っている。緑藻類のボルボクス目の仲間（ Plate 36～43 ）も鞭毛で泳ぐ。渦鞭毛藻（ Plate 7～8 ）の仲間には、サンゴやクラゲと共生するものもいる。アオコとよばれ夏に大発生して嫌われる藍藻（ p.186 ～187 ）は細菌に近い生物と考えられている。

　多くの人には、藻類よりも植物プランクトンという言葉の方になじみがあるかもしれない。後者は水の中の食物連鎖の説明によく出てくる。プランクトンは水中を漂って生活する生き物をさし、淡水藻類の多くはプランクトンだが、水底やほかのものに付着して生活するものもいるので、藻類イコール植物プランクトンではない。ただ、プランクトンネットで採集された藻類たちは、水中を漂っていたものなので植物プランクトンと言える。

　例外だらけで、藻類を一言で表すのが難しいのは、いろいろな進化の過程を経てきたものが、藻類としてひとつにまとめられているからだが、とりあえず藻類は「水の中にすむ小さな植物群」と考えてスタートするのがいいと思う。

≪ 藻類を採集するには ≫

　採集はプランクトンネットを使い、サンプル管に移すとすぐにホルマリンを入れる。これを固定という。 固定しておけば、細胞がこわれたり腐ることなく、何年後でも観察できる。ホルマリン（35～38％ホルムアルデヒド水溶液）を使う場合、採集した液の10分の1の量を入れるが、劇薬なので、採集時に持ち歩く場合などには取扱いに十分注意する必要がある。（飛行機などの乗り物への持ち込みは禁止されている） 採集してすぐに顕微鏡で観察できるならば、ホルマリンを入れずに持ちかえると、藻類のさまざまな動きや色がわかる。

　また、採集したものには通し番号を付けて保存し、その番号を使って採集地などのデータを記録しておくとよい。番号のつけ方など採集や標本の整理の仕方については、山岸高旺編著「淡水藻類入門」内田老鶴圃が詳しくてわかりやすい。

　プランクトンネットを使うとき、投げた時のはずみで水の中に飛ばしてしまうことがあるので、ロープの一端は手首に巻きつけておくと後悔しない。うっかり投げてしまうと、足場が悪く深さのわからない水の中に入ることになり危険だ。また、水底に思いがけないものが沈んでいることがあるので、投げるときはよく注意し、無理にひっぱると高価なネットを破ってしまうことがある。藻類は、まわりに粘液質の鞘をもっているものが多く、それが乾くとネットの目をふさいでしまい、水ぬけが悪くなる。使った後は、乾かないうちによく水ですすぎ食器用洗剤で洗っておくとよい。水田など水が少ない場合は、コップやおたまでくりかえしすくってプランクトンネットに入れる。 また、ハンドネットという柄のついた小形のプランクトンネットも便利だ。

教材カタログにあるプランクネットは目が粗く、ミジンコなど大きな生物を採集するのにはいいが、小形の藻類は通り抜けてしまうので、ネット地は20μmメッシュをすすめる。

ハンドネット

≪写真9≫

　プランクトンネットを引くと、藻類以外に、ワムシ、ミジンコ、アメーバ、線虫、クマムシ、花粉、ミズカビ、植物片、時には小さな魚など様々なものが入ってくる。

≪ 観察 ≫

　ホルマリンをいれておくと何年でも形が保たれるので観察できるが、色は次第に薄くなるので、カラー写真を撮る場合は時間を置かない方がいい。

　顕微鏡写真で記録する場合、対物ミクロメータを同じ倍率で1枚写しておくとよい。そうしておけば、1000倍で印刷することが容易になる。できた写真の上にものさしを置いて、たとえば細胞の幅が10mmならば、実際は10μmとなるので、種名を調べるときに便利だ。

　プレパラートを長い時間観察していると、カバーグラスのふちから水が蒸発していく。透明なマニキュアをカバーグラスのふちに塗ってすきまをふさぐと、翌日もつづけて観察することがきるが、スライドグラスやカバーグラスは使い捨てとなる。

　種名を調べるには、淡水藻類写真集20巻（山岸、秋山編著 1984-1998）、日本淡水藻図鑑（廣瀬、山岸 1977）などがあるが、台湾、東南アジア、中央ヨーロッパ、五大湖など地名がついた文献でも、日本で採集されるものと同じ藻類がのっているので、筆者は種名を調べるときに使っている。

≪ どこにでもいる ≫

　湖や池だけでなく、冬の学校のプールや軒先の雨水のたまったかめや神社の手水鉢や墓石のくぼみなど、少ない水のなかにもいつのまにか藻類が住み緑色になっている。

　道路わきのくぼみにできた水たまりを調

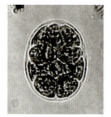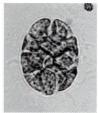

≪写真10 *Pandorina morum* 左タクラマカン　右 白幡沼≫

べたことがあるが、思いがけないほど多くの藻類がいた。

　種の分布を藻類図鑑で調べると世界各地となっているものが多い。 筆者は、タクラマカン砂漠の西端の道路わきの、めったに降らない雨でできた水たまりの中から、*Pandorina morum*（ Plate 42、 p. 212 写真 10 ）を採集したことがあるが、この種は白幡沼でもみられる。

　Lepocinclis ovata (plate 18) は、1921 年オーストラリアで最初に報告され、次は 1934 年ベルギーで、3 例目の報告は 2012 年の白幡沼だった（ 山岸 2013 ）。この種が珍しいのではなく、調べれば他にもいると思われる。

　地球は水の惑星ともいわれ水であふれている。 海はつながっているので海産の藻類が世界のあちこちで見つかっても納得がいくが、淡水はそうはいかない。では、どうして淡水産なのに同じ藻類が世界各地にいるのだろうか。新たにできた水たまりの藻類たちはどこから来たのだろうか。

　ダーウィンは、ビーグル号で大西洋のヴェルデ諸島のそばを通った時、船の上に降り積もったチリを採集し微生物学者エーレンベルグ（ C.G.Ehrenberg ）に送っている。エーレンベルグの名は、藻類では *Euglena ehrenbergii*、*Dictyosphaerium ehrenbergianum*、（ Plate 12, 69 ）などの学名で目にする。チリの正体は、淡水産の珪藻や原生動物の殻などだった。（1987） そして、ビーグル号航海記に、このようなチリが船に降ってくることは珍しくなく、「この事実を見れば、これより軽くて小さな隠花植物の胞子が散布するのは驚くにあたらない。」(2001) と書いている。

　目に見えないだけで、胞子も花粉も大気汚染物質も地球規模で移動し、雨といっしょに地上に落ちてきたり、風で飛んできて私たちの服に着いたり鼻から入ったりしている。淡水の藻類の場合、渡りをする水鳥が運ぶこともあるかもしれない。いずれにせよ、水の中で生活する藻類は、そのままの形で長距離の移動はできない。

　水がたまる場所では干上がってしまうことはよくある。冬の水田の土はひび割れるほど乾燥しているが、春に水田に水が満たされると原生動物や様々な藻類が現れてくる。筆者は、ボルボクス（ *Volvox* ）の同じ種を毎年同じ水田の同じ場所で採集したことがある。

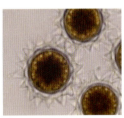

寺の雨どいの水受け　　干上がった水受け　　春に水で満たされた水田　　*Volvox* の接合子（卵胞子）

≪写真　11≫

藻類は水がなくなれば生きてはいないが、その期間は乾燥に強い接合子やアキネートや休眠胞子（Pl. 2 、pl. 15 、p. 213 写真 11 右、p. 214 写真 12 右）になってすごし、再び水が満たされれば殻を破って出てくる。そのような、乾燥に強い姿になれば、長距離の移動が可能となり、運よく水のあるところに落ちればそこでふえていくことができる。

　白幡沼の北東の台地には、5階建ての浦和商業高校の校舎がある（p. 2）。この校舎の屋上に、市販のペットボトルの水をポリ袋に入れ、袋ごとたらいに入れて形を安定させ、袋の口をあけておき、11月から12月までの約1か月間放置した。それを調べてみると、*Haematococcus*、*Gonium*、*Chlamydomonas*、*Scenedesmus*、ワムシ、繊毛虫などが観察された。この時観察された *Haematococcus* の中には、球形で乾燥に強いアキネートを形成するものもあった。（写真12 右）　このプランクトンは水盤などの小さな水域で増え、生活相の型は短期型で知られている。筆者はこの20年余り白幡沼で顕微鏡観察をしているが、沼からは *Haematococcus* を観察したことがない。

　Haematococcus に混じって *Gonium* がみられたが（写真12 左）、この時から1か月後の2002年1月～3月に白幡沼では *Gonium* が大発生している。（p.193　図12 A ）

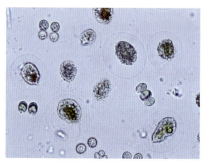 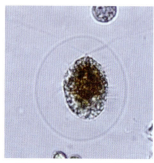 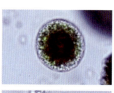 

Haematococcus と *Gonium*　　　*Haematococcus* の生細胞　　　*Haematococcus* のアキネート

≪写真　12≫

　チョウのアサギマダラは海を渡り南西諸島や台湾まで2,000kmを飛ぶ。アネハヅルは上昇気流に乗ってヒマラヤ山脈を越えて渡りをする。ましてや小さくて軽い藻類の接合子や休眠胞子が空を飛び、大海原や高い山脈を越えても不思議はない。水たまりや水田の水がなくなり乾燥し、そこに風が吹き、砂ぼこりとともに空高く舞い上がり、藻類たちは地球規模の長い旅に出るのかもしれない。

あとがき

　白幡沼は藻類の種類が豊かで、まるで「藻類図鑑のような沼」だと、私は自分の持ち物でもないのに誇らしい気持ちでいる。藻類を勉強し始めたころにこの沼と出会い、観察、研究のフィールドにできたことはとても幸運だったと思う。

　白幡沼に足を運ぶうちに、藻類の名前を調べるだけでなく、水中のミクロの世界でなにが起こっているのかも知りたくなり、限られた道具と時間の中で調査も行った。

　その結果、大きさがミクロなだけで、陸上植物に勝るともおとらないダイナミックで多彩な藻類の世界が水の中で展開していることが、ほんの少しだが見えてきた。

　体は小さくても藻類たちは、同じ地球で進化し、多くの絶滅したものの中から生き延び繁栄してきている。みな優れた生きのびる仕組みをもっている。そんな藻類たちが魅力的でないわけがない。ため池や沼を見るときに、その中には、豊かな藻類たちの世界があることを思い出してほしい。

　はじめて藻類を調べる人の手掛かりになるのではないかと思い、観察した藻類の項には、変異形や無性生殖中のものや、不鮮明な写真でもあえて載せた。

　季節的消長では、うらづけの不確かな推論や「わからない」をたくさん書いてしまったが、それらを読んで興味を持ち、きちんと調べてみようと思う人が出てきてくれればと思う。

　プランクトンネットを引き始めてから20年以上がたちました。ここまで続けられたのは、見た者だけが知る藻類たちの魅力にとりつかれたためですが、それよりなにより藻類学者の山岸高旺先生のご指導をいただけたことが大きく、先生には心から感謝しています。

　出版にあたっては、悠光堂の冨永彩花さん、田中千尋さんにお世話になりました。皆様に深く感謝いたします。

2016年　12月　　　小川なみ

引用・参考文献

Asaul, Z. I. (1975)　Survey of Euglenophytes of the Ukrainian R. S. R.

Burkhardt, F. (ed.) (1987)　The correspondence of Charles Darwin Vol.3 Cambridge
　University Press

チャールズ・ダーウィン（島地威雄訳 1968）：ビーグル号航海記　岩波文庫

チャールズ・ダーウィン（八杉龍一訳 2001）：種の起源　岩波文庫

Ettl, H. (1978)　Xanthophyceae. 1. Süsswasserflora

Ettl, H. (1983)　Chlorophyta. I Phytomonadina　Süßwasserflora

浜島繁隆　（ほか編）（2001）：ため池の自然　信山社サイテック

廣瀬弘幸，山岸高旺（編）（1977）：日本淡水藻図鑑　内田老鶴圃

Heuber-Pestalozzi G. (1955)　Euglenophyceen. Binnengewässer, 16 (4)

Hortobágyi, T. (1973)　The microflora in the settling and subsoil water enriching basins of
　the Budapest waterworks

Iyengar, M. O. P. & Desikachary, T. V. (1981)　Volvocales.

Johnson, L. P. (1944)　Euglenae of Iowa　Trans. Am. Microsc. Soc., 63; 97-135

Komárek, J. & Fott, B. (1983)　Chlorophyceae Binnengewasser, 16 (7,1)

水野寿彦，高橋永治（編）(1991)：日本淡水動物プランクトン検索図説　東海大学出版会

Popovský, J. & Pfiester, L. A. (1990)　Dinophyceae (Dinoflagellida), Süßwasserflora

Prescott, G. W. (1982)　Algae of the Western Great Lakes Area

Starnach, K. (1985)　Chrysophyceae und Haptophyceae Süßwasserflora

上野益三　（1935）：陸水生物学概論　養賢堂

Wołowski, K. (1998)　Taxonomic and environmental studies on Euglenophytes of the
　Kraków-częstochowa upland (Southern Poland). Fragm. Florist. Geobot. Suppl.,**6**;3-192

山岸高旺，秋山優（編）（1984-1998）：淡水藻類写真集 Vol. 1〜20　内田老鶴圃

Yamagishi, T. (1992)　Plankton algae in Taiwan (Formosa)　内田老鶴圃

山岸高旺 編，(1999)：淡水藻類入門　内田老鶴圃

山岸高旺，（2007）：淡水藻類　内田老鶴圃

Yamagishi, T. (2010)　Plankton Algae of Southeast Asia　BISHEN SINGH MAHENDRA PAL SINGH

Yamagishi, T. (2013)　Lepocinclis (Euglenophyta) Taxonomical Review　BISHEN S. M.P.S.

Yamagishi, T. (2016)　Strombomonas (Euglenophyta) Taxonomical Review　BISHEN S. M.P.S.

種類名索引 （太字は Plate 番号）

A

Acanthosphaera	123	
zachariasii	123	**66**
Actinastrum	135	
hantzschii	135	**72**
rhaphidioides	135	**72**
Ankistrodesmus	102	
bernardii	102	**51**
falcatus	102	**52**
gracile	102	**52**

B

Bacillariophyceae	16	
Basichlamys	78	
sacculifera	78	**40**
Botryococcus	129	
braunii	129	**68**
protuberans	129	**68**
sudetica	129	**68**

C

Carteria	75	**36**
Centritractus	16	
belanophorus	16	**6**
Ceratiaceae	22	
Ceratium	22	
brachyceros	22	**9**
hirundinella	22	**9**
Chaetophora	174	
elegans	174	**96**
Chaetophoraceae	174	
Chaetophorales	174	
Characium	90	
braunii	90	**45**
Chlamydomonadaceae	75	
Chlamydomonas	75	
Chlamydonephris	74	
pomiformis	75	**41**
Chloroceras	75	
corniferum	75	**38**

Chloromonadophyceae	27	
Chlorococcaceae	89	
Chlorococcales	89	
Chlorogonium	75	
maximum	76	**38**
Chloromonas	76	
maculata	76	**36**
Chlorophyceae	74	
Chodatella	102	
chodatii	102	**54**
ciliata	103	**53**
citriformis	103	**53**
genevensis	103	**54**
longiseta	103	**53**
marssonii	103	**54**
wratislawiensis	103	**54**
Chroomonas	19	**6**
Chrysophyceae	8	
Closteriopsis	104	
longissima	104	**55**
Closterium	178	
acerosum	178	**98**
gracile	178	**98**
praelongum	178	**99**
pritchardianum	178	**99**
Coelastrum	137	
astroideum	137	**73**
cambricum	137	**73**
reticulatum	137	**73**
sphericum	137	**73**
Coenochloris	122	
piscinalis	122	**65**
pyrenoidosa	122	**65**
Coenocystis	122	
planctonica	122	**65**
Colaciaceae	68	
Colaciales	68	
Colacium	68	
elongatum	68	**35**

Coleochaetaceae	175	
Coleochaete	175	
scutata	175	96
Cosmarium	179	
abbreviatum	179	100
tinctum	179	100
tumidum	179	100
Crucigenia	139	
crucifera	139	74
fenestrata	139	74
lauterbornii	139	74
mucronata	139	74
neglecta	139	74
tetrapedia	139	74
Cryptomonadaceae	19	
Cryptomonadales	19	
Cryptophyceae	19	
Cyanophyceae	8	

D

Desmatractum	89	
indutum	89	47
Desmidiaceae	178	
Diacanthos	104	
belenophorus	104	55
Dicellula	141	
geminata	141	75
planctonica	141	75
Dichotomococcus	129	
capitatus	129	68
curvatus	129	68
Dicloster	141	
acuatus	141	76
Dictyosphaeriaceae	129	
Dictyosphaerium	130	
ehrenbergianum	130	69
elongatum	130	69
pulchellum	130	69
sphagnale	130	69
tetrachotomum	130	70
Didymocystis	141	
inermis	141	76
Didymogenes	142	
anomala	142	76

Dinobryaceae	8	
Dinobryon	9	
cylindricum	9	2
sertularia	9	2
Dinophyceae	19	
Dinosphaera	21	
palustris	21	6
Dinosphaeraceae	21	
Diplochloris	122	
lunata	122	64
Diplostauron	76	
elegans	76	38
Dysmorphococcus	77	36

E

Elakatothricaceae	167	
Elakatothrix	167	
genevensis	167	96
Eremosphaera	104	
viridis	104	55
Eudorina	78	
elegans	78	42
Euglenaceae	27	
Euglenales	27	
Euglenophyceae	27	
Euglena	27	
acus	27	10
archeoplastidiata	27	10
deses	28	11
ehrenbergii	28	12
gracilis	28	13
granulata	28	13
hemichromata	28	13
limnophila	29	10
magnifica	29	15
oblonga	29	13
oxyuris	29	14
proxima	29	15
sanguinea	29	15
spirogyra	30	16
splendens	30	15

F

Franceia	104	

ovalis	104	55
G		
Geminella	174	
mutabilis	174	96
Glaucophyceae	22	
Gloeococcaceae	79	
Gloeococcus	79	44
Gloeocystis	79	44
Golenkinia	123	
longispina	123	66
paucispina	123	66
radiata	124	66
Gonium	78	
pectorale	78	39
sociale	78	40
Granulocystis	108	
helenae	108	62
Granulocystopsis	108	
pseudocoronata	108	55
Gymnodiniaceae	19	
Gymnodinium	20	
aeruginosum	20	6
uberrimum	20	6
H		
Haematococcus	214	
Hemidiniaceae	22	
Hemidinium	22	
nasutum	22	8
Hofmania	141	
africana	141	75
Hydrodictyaceae	165	
Hyaloraphidium	108	
contortum	108	56
Hydrianum	90	
gracile	90	45, 97
Hydrodictyaceae	165	
K		
Katodinium	20	
stigmaticum	20	6
woloszynskae	20	6
Kirchneriella	108	

aperta	108	56
arcuata	108	56
contorta	109	57
danubiana	109	57
dianae	109	57
irregularis	109	57
lunaris	109	58
microscopica	109	58
obesa	109	56
L		
Lagerheimia	102	
chodatii	102	54
genevensis	103	54
Lagynion	8	
ampullaceum	8	1
Lepocinclis	38	
cylindrica	38	18
cymbiformis	38	17
fusiformis	38	17
glabra	39	18
gracillicauda	39	18
heterochila	39	17
longistriata	39	18
marssonii	39	17
ovata	40	18
ovum	40	19
playfairiana	40, 41	18
redekei	41	20
salina	41	20
setosa	41	20
sphagnophila	42	20
steinii	42	17
teres	42	21
texta	42,43	20, 22
truncata	43	23
wangii	43	23
Lobomonas	76	
ampla	76	39
M		
Mallomonas	9	
annulata	9	3
calceolus	9	3

flora	9	3
horrida	9	3
insignis	10	3
papilllosa	10	3
tonsurata	10	3
Menoidium	30	
pellucidum	30	16
Micractiniaceae	123	
Micractinium	124	
appendiculatum	124	67
pusillum	124	67
quadrisetum	124	67
Mischococcales	15	
Monoraphidium	109	
caribeum	109	59
circinale	110	60
contortum	110	59
griffithii	110	60
indicum	110	59
irregulare	110	59
litorale	110	60
minutum	110	58
Monosiga	11	1
Monosigaceae	11	
Monosigales	11	

N

Neocystis	123	
subglobosa	123	65
Nephrochlamys	116	
alllanthoidea	116	60
subsolitaria	116	60
Nephrocytium	116	
shilleri	116	60
Notosolenus	68	
chelonides	68	23

O

Ochromonadales	8	
Oocystaceae	102	
Oocystis	116	
borgei	117	61
marssonii	117	61
parva	117	61

P

Pachycladella	117	
umbrina	117	63
Palmellaceae	93	
Pandorina	79	
colemaniae	79	42
morum	79, 212	42
cylindricum	79	43
Paulinella	22	9
Pectodictyon	142	
pyramidale	142	75
Pediastrum	165	
boryanum	166	92,93
duplex	166	95
integrum	166	93
simplex	167	94
tetras	167	93
Peridiniales	19	
Peridiniaceae	20	
Peridinium	21	
bipes	21	7
cunningtonii	21	7
palatinum	21	8
penardiforme	21	7
penardii	21	7
Petalomonadaceae	68	
Petalomonas	68	
praegnans	68	23
Phacotaceae	77	
Phacotus	77	
lenticularis	77	36
Phacus	52	
acuminatus	52	25
ankylonoton	52	25
curvicauda	52	25
hameli	52	25
helikoides	53	26
longicauda	53	27
nordstedtii	53	28
obolus	54	25
pleuronectes	54	25
pyrum	54	28
trapezoides	54	25
triqueter	54	26

trypanon	54	28
unguis	55	25
Phaeophyceae	27	
Planktosphaeria	89	
gelatinosa	89	45
Pleurochloridaceae	15	
Polyedriopsis	89	
spinulosa	89	46
Pseudogoniochloris	16	
tripus	16	5
Pseudokirchneriella	117	
phaseoliformis	117	58
Pseudostaurastrum	15	
enorme	15	4
hastatum	15	4
planctonicum	15	4

Q

Quadricoccus	130	
ellipticus	130	71
verrucosus	130	71

R

Radiococcaceae	122	
Radiococcus	123	
nimbatsu	123	64
Rhizochrysidales	8	
Rhodophyceae	8	

S

Scenedesmaceae	135	
Scenedesmus	145	
acuminatus	146	77, 78, 79
bernardii	146	80
bicaudatus	146	88
dispar	147	81
ecornis	147	82
ellipsoideus	147	83
heimii	147	87
javanensis	147	78,80
magnus	147	84
morzinensis	147	87
obtusus	147	82
opoliensis	147, 148	85,86
ovalternus	148	82
pecsensis	148	84
perforatus	148	87
polydenticulatus	148	81
producto-capitatus	149	79
protuberans	149	86
pseudoarmatus	149	87,88
quadricauda	149	83
quadrispina	149	84
smithii	149	81
spinosus	150	87
Schroederia	89	
setigera	90	47
spiralis	90	47
Sciadiaceae	16	
Selenastrum	102,117	
bibraianum	118	62
westii	102	52
Selenodictyum	135	
brasiliense	135	71
Siderocelis	118	
ornata	118	62
Sorastrum	167	96
Shaerellopsis	76	
Sphaerocystis	93	
schroeteri	93	51
Spirogyra	175	97
Staurastrum	179	
iotanum	179	101
natator	179	102
Strombomonas	55	
costata	55	29
deflandrei	55	29
girardiana	55	30
maxima	55	30
urceolata	56	30
verrucosa	56	29
Stylococcaceae	8	
Synuraceae	9	
Synura	10	
lapponica	10	1
petersenii	10	1
spinosa	10	1
uvella	10	1

T

Tetrachlorella	164	
alternans	164	91
Tetradesmus	164	
wisconsinensis	164	90
Tetraedriella	15	
spinigera	16	5
tumidula	16	5
Tetraëdron	91	
arthrodesmiforme	92	50
caudatum	92	48
incus	92	48
limneticum	92	48
longispinum	92	50
lunula	92	50
minimum	92	49
muticum	92	49
pentaedricum	92	48
regulare	93	49
triangulare	93	49
trigonum	93	50
victoriae	93	51
Tetrallantos	164	
lagerheimii	164	90
Tetraselmiaceae	74	
Tetrasporales	79	
Tetrastrum	164	
elegans	164	91
glabrum	164	90
heteracanthum	164	91
multisetum	165	90
peterfii	165	91
punctatum	165	91
staurogeniaeforme	165	91
Trachelomonas	63	
aburupta	63	31
acanthostoma	63	31
allia	63	31
armata	63	31
australica	64	31
bacillifera	64	31
cervicula	64	31
cordata	64	31
granulosa	64	33
guttata	64	32
hispida	64	32
intermedia	65	32
lacustris	65	32
lefevrei	65	32
nova	65	32
oblonga	65	33
ovalis	66	33
planctonica	66	33
playfairi	66	33
pseudobulla	66	33
pusilla	66	33
raciborskii	67	34
rasumowskoensis	67	35
robusta	67	34
sculpta	67	34
stokesiana	67	34
stokesii	67	34
sydneyensis	67	34
volvocina	67	34
Treubaria	118	
reymondii	118	63
schmidlei	118	63
triappendiculata	118	63
Trochiscia	118	64
aciculifera	118	64

U

Ulotrichaceae	174	
Ulotrichales	174	

V

Vitreochlamys	76	
fluviatilis	77	41
gloeosphaera	77	41
Volvocaceae	77	
Volvocales	74	
Volvox	213	

W

Westella	135	
botryoides	135	71

X
Xanthophyceae   15

Y
Yamagishiella   79
  unicocca   79   **43**

Z
Zygnemataceae   175
Zygnematales   175

小川 なみ（おがわ・なみ）
1950 年石川県に生まれる
金沢大学大学院理学研究科生物学専攻（修士課程）
高校で 31 年間生物を教える

植物プランクトン
白幡沼の浮遊性藻類
種類と量の変化を調べる

2017 年 3 月 1 日　　初版第一刷発行

著　者　　小川 なみ
発行人　　佐藤 裕介
編集人　　冨永 彩花
発行所　　株式会社 悠光堂
　　　　　〒 104-0045 東京都中央区築地 6-4-5
　　　　　シティスクエア築地 1103
　　　　　電話：03-6264-0523　FAX：03-6264-0524
　　　　　http://youkoodoo.co.jp/
制作協力　田中 千尋（株式会社 文字工房燦光）
デザイン　株式会社 シーフォース
印刷・製本　株式会社 シナノパブリッシングプレス

無断複製複写を禁じます。定価はカバーに表示してあります。
乱丁本・落丁版は発行元にてお取替えいたします。

ISBN978-4-906873-85-2　C3645
©2017 Nami Ogawa, Printed in Japan

友の会出版会